# JEAN DIEUDONNÉ

## MATHÉMATICIEN COMPLET

ISBN 2-87647-156-6

PLUS DE LUMIÈRE

Pierre DUGAC

# JEAN DIEUDONNÉ

# MATHÉMATICIEN COMPLET

ÉDITIONS
JACQUES GABAY

# TABLE DES MATIÈRES

# AVANT-PROPOS

Mon souhait est que le présent livre donne une image aussi fidèle que possible de l'homme, du mathématicien et de l'historien des mathématiques que fut Jean Dieudonné.

Dans ses dernières volontés adressées à l'Académie des Sciences, il a demandé qu'on ne lise pas, lors d'une séance publique, de notice sur sa vie. S'il a accepté qu'on en dépose une aux Archives de l'Académie — elle sera rédigée par M. Henri Cartan — c'est à la condition qu'on ne porte pas de jugement sur son œuvre de mathématicien, ce soin étant laissé aux futurs historiens des mathématiques.

J'espère, par contre, que le lecteur se rendra compte de l'ampleur de sa production qui le place au premier rang des historiens des mathématiques de tous les temps.

Mon souci permanent a été de laisser aussi souvent que possible la parole à Jean Dieudonné afin qu'on puisse apprécier l'étendue et la diversité de son savoir. La liste des *Travaux de Jean Dieudonné,* complémentaire de celle de son *Choix d'œuvres mathématiques,* donnera une idée de l'abondance et de la variété de ses écrits.

Je voudrais exprimer ici ma profonde reconnaissance à Madame Jean Dieudonné qui m'a beaucoup aidé en mettant à ma disposition de très nombreux documents.

Je remercie M. Jacques Gabay qui, après avoir accueilli cet ouvrage, a tenu à lui consacrer tous ses soins habituels.

# 1

# UN HOMME HEUREUX

> C'est le dernier jour qu'il faut toujours
> attendre : aucun homme ne doit être appelé
> heureux avant qu'il ait quitté la vie.
>
> OVIDE ([363], 110)[1]

## 1.1. « UN VIVANT EXEMPLE »

Le grand-père de Jean Dieudonné était venu s'établir dans le Nord de la France, après l'annexion de l'Alsace-Lorraine par l'Allemagne en 1871. Il était d'une famille, dont on peut retracer les origines au XVIIe siècle, qui était établie à Sainte-Marie-aux-Mines (Haut-Rhin). Cette ville doit son nom aux mines d'argent et de plomb dont l'exploitation a été abandonnée au XVIIIe siècle.

Son père, Ernest Dieudonné, soutien de famille à 12 ans ([144], t. I, 1), « avait dû renoncer à poursuivre ses études, et, à force de travail, d'intelligence et de tenacité, il s'était élevé, de ses débuts de petit employé, jusqu'à devenir l'associé de ses

---

1. A. de Vigny écrit de son côté dans *Cinq-mars* : « Qu'est-ce qu'une grande vie, sinon une pensée de la jeunesse exécutée par l'âge mûr. »

patrons, puis le directeur général d'un important groupe d'industries textiles ». Il a eu une profonde influence sur son fils :

> Dès que je fus en âge de comprendre, j'ai eu sous les yeux, en mon père, un vivant exemple de ce que peuvent faire l'effort et la volonté.

Sa mère, née Léontine Lebrun, était fille d'un père lillois et d'une mère alsacienne. Elle était institutrice avant son mariage et l'est restée jusqu'à la naissance de son fils.

Jean Dieudonné est né à Lille, 15 avenue Simone, le 1er juillet 1906. Sa mère lui a appris à lire avant son entrée à l'école primaire.

En 1914, son père mobilisé ([376], 341) quitte Lille, tandis que Jean Dieudonné reste, avec sa mère et sa sœur plus jeune que lui, jusqu'à la fin de 1915 dans la ville occupée par les Allemands qui les évacuent alors par la Suisse et ils rejoignent le chef de famille à Paris.

Jean Dieudonné entre au Lycée Condorcet. Il a toujours aimé l'école, apprenant facilement, récoltant des prix sans se donner beaucoup de mal. C'est ainsi que, pendant l'année scolaire 1916-1917, il obtient le premier prix de calcul en sixième.


## 1.2. « THERE IS NO WEALTH BUT LIFE »

Pendant l'année scolaire 1919-1920, son père envoie Jean Dieudonné à Bembridge, dans l'île de Wight, en Angleterre, pour apprendre l'anglais, dans l'école dont la devise est *There is no wealth but life* ([379], 97) :

> C'est là que j'ai pris goût aux mathématiques : j'y ai étudié l'algèbre pour la première fois, et cela m'a beaucoup impressionné et même enthousiasmé ; depuis lors, j'ai toujours voulu être mathématicien.

Les élèves de l'école rédigeaient et imprimaient le *Bembridge School Newspaper,* et dans le premier numéro, de Noël 1919, se trouve un article de J. Dieudonné et C.E. Keeling *Our first school journey* décrivant leur voyage à Londres. Les écoliers avaient visité, en particulier, le *South Kensington Science and Natural History Museum,* où certains d'entre eux « auraient voulu passer toute la journée ».

Dans le deuxième numéro, de Pâques 1920, on apprend que l'élève J. Dieudonné, en tant que footballeur, « est très inégal ; quelquefois il peut jouer très bien ». Il est vrai ([376], 339) qu'il préférait étudier, allongé sur l'herbe, les livres d'algèbre.

Dans ce numéro on trouve la traduction par J. Dieudonné du poème *The daffodils* de R. Herrick, poète anglais du xviie siècle, dédié à la fleur dont la tige se termine par une grappe de grandes fleurs étoilées :

Les asphodèles

Asphodèles d'or pur, ô belles éphémères,
Nous pleurons de vous voir, avant que dans les cieux,
Phœbus, sur ses coursiers de flamme, radieux
Ait atteint le midi de son cours de lumière.

Perdre cette fraîcheur, ce parfum, cette grâce
Qui vous rend à jamais, parmi toutes vos sœurs
Des jardins et des bois, les princesses des fleurs.
Hélas ! vous vous fanez, comme l'homme ; et tout passe.

Restez, ô restez nous, charmantes infidèles,
Restez nous seulement jusques au chant du soir,
Jusqu'à l'heure où s'endorment les bois, asphodèles !

Alors, ayant prié, nous irons nous asseoir
Sur la mousse des bois, pour vous écouter, belles,
Exhaler vos soupirs, comme d'un encensoir.

Dans le troisième numéro, d'été 1920, se trouve un article de J. Dieudonné *The poet Tagore's school in India,* ainsi que celui sur les *Travels in Turkey and Armenia,* où il note ce qui s'est passé pendant la première guerre mondiale :

> Les Arméniens ont été chassés de leurs maisons avec leurs familles, et bien d'entre eux s'estimaient heureux de n'avoir pas été tués par les Turcs ou les Kurdes.

Le 26 juin 1920, il passe à *The Royal Academy of Music and The Royal College of Music* de Londres l'examen de *pianoforte (lower division)* et obtient la note 119 sur 150.

J. Dieudonné retourne alors à Lille, pour continuer ses études au lycée Faidherbe.

En mai 1922, la *British Chamber of Commerce of Paris* juge que « sa connaissance de la langue anglaise est considérée comme bonne pour les buts commerciaux ».

Il obtient le premier prix du Concours 1922 de la Société de géographie de Lille pour l'enseignement secondaire, ainsi que le premier prix de langue anglaise de la Société Industrielle du Nord de la France.

Au lycée, il était toujours un an en avance en algèbre sur les programmes scolaires et il refaisait les démonstrations « deux fois pour le plaisir » ; et il aimait la rigueur.

En 1923, il obtient le premier prix de mathématiques au Concours général, et le président du jury lui envoie après le concours, avec une lettre, la somme de trois cents francs, prix qu'il venait de créer :

> J'ai vu avec joie que vous ne vous borniez pas à étudier les sciences, mais que vous étiez aussi lauréat dans les lettres.

Il passe à Lille la seconde partie du baccalauréat en juillet 1923, série mathématiques, avec la mention très bien :

> Mon père aurait voulu que je devienne industriel, mais je n'avais d'intérêt que pour les mathématiques et il a fini par accepter de me laisser continuer dans cette voie.

## 1.3. AVEC LES ESPRITS LES PLUS DISTINGUÉS DE SA GÉNÉRATION

Au concours de 1924, il est reçu à l'École Polytechnique et à l'École Normale Supérieure, et il opte pour cette dernière. Il y retrouve J. Delsarte et A. Weil (promotion 1922), H. Cartan et R. de Possel (1923), M. Brelot, C. Ehresmann, J.-P. Sartre et Raymond Aron (1924)[1], et, plus tard, C. Chevalley et J. Leray

---

1. N. Baverez écrit ([222 a], 43) que « l'École Normale est alors une institution à l'apogée de sa puissance ».

(1926). H. Cartan et J. Delsarte sont devenus ([379], 97) ses meilleurs amis.

Il avait ainsi la chance ([144], t. I, 1) de vivre en contact journalier avec les esprits « qui seront parmi les plus distingués » de sa génération :

> Je compris donc vite que si je voulais rester dans le sillage des camarades brillants qui m'entouraient et des aînés qui déjà se faisaient un nom dans la recherche, il me faudrait travailler ferme. Cela ne m'était pas pénible, car ma passion des mathématiques, qui s'était éveillée vers ma quatorzième année avec la découverte de l'algèbre, n'avait fait depuis que croître.

Il obtient en juillet 1925 la licence ès-sciences avec mathématiques générales, physique générale et calcul différentiel et intégral. Il passe en octobre l'analyse supérieure et en juin 1926 la mécanique rationnelle.

Sur son travail à l'École Normale il existe des témoignages de ses professeurs, en particulier de A. Denjoy (dans le dossier AJ[61] 188, déposé aux Archives Nationales, qui m'a été signalé par L. Beaulieu).

En 1927, le *Théâtre des Folies-Normaliennes* présente *Fossiles et marteaux,* où jouent R. Aron et J.-P. Sartre, avec une « musique arrangée » de J. Dieudonné.

A l'École Normale, il a été ([376], 340) « heureux comme un prince », mais il a mesuré ([144], t. I, 2) la distance qui le séparait de ses professeurs E. Picard, J. Hadamard, E. Cartan, H. Lebesgue, P. Montel, A. Denjoy et G. Julia :

> Je dirais même que, personnellement, cette distance me paraissait presque infranchissable ; il me fallut pas mal d'années pour que j'acquière un peu de confiance en moi et me persuade que je pouvais, moi aussi, avancer un peu dans la recherche mathématique.

Il passe en 1927 l'agrégation de mathématiques, où il est reçu premier. Dans son *Allocution* ([372]) de 1969, R. Garnier se souvient :

> Très tôt, vous avez montré qu'on pouvait fonder sur vous de grands espoirs. Laissez-moi évoquer un souvenir personnel. En

1928, j'étais appelé au jury de l'agrégation de mathématiques ; et au cours de nos délibérations — fait exceptionnel — j'ai entendu citer, plus d'une fois, comme des modèles, vos leçons de l'année précédente : vous avez produit une vive impression par la rigueur de vos exposés, comme par leur présentation très personnelle.

J. Dieudonné rédige cette année le *Cours de cinématique* de G. Julia, qui signale dans sa *Préface* ([334]) l'intelligente collaboration d'« un des meilleurs élèves de l'École Normale Supérieure ».

### 1.4. *PROBLÈMES RELATIFS AUX POLYNÔMES ET AUX FONCTIONS BORNÉES*

Il fait son service militaire, pendant l'année scolaire 1927-1928, comme sous-lieutenant au 205e régiment d'artillerie, et E. Vessiot, directeur de l'École Normale Supérieure, écrit à son propos au doyen de la *Graduate School* de Princeton, pour lui faire attribuer la bourse *Proctor Visiting Fellow* à l'Université de Princeton (Archives Nationales 61 AJ / 201 ; document qui m'a été communiqué par L. Beaulieu) :

> Il a été reçu le premier à l'agrégation de mathématiques, dans des conditions très brillantes, à sa sortie de l'École Normale, en 1927. Il me paraît avoir des dispositions remarquables pour la recherche mathématique.
>
> M. Dieudonné est, d'autre part, un jeune homme tout à fait distingué comme éducation et très vigoureux physiquement. Il est célibataire, comme l'exigent les conditions de la bourse. Il parle l'anglais couramment.

De son côté, J. Dieudonné écrit au doyen le 27 juin 1928 :

> Je suis heureux de pouvoir l'an prochain profiter de l'enseignement de M. Hardy et M. Weyl : la présence à Princeton de ces deux savants pourra sans doute m'être de grand secours.

Il passe donc à Princeton l'année universitaire 1928-1929, où il rédige, le 6 février 1929 ([243], 80), son premier mémoire publié : *Sur une généralisation du théorème de Rolle aux fonctions d'une variable complexe.* A cette occasion, il remercie E. Hille, professeur à l'Université de Princeton, d'avoir bien voulu s'intéresser à ses recherches et de lui avoir donné de « bon conseils » pour la rédaction de son travail.

C'était l'époque ([186]) où J.W. Alexander avait établi « les théorèmes fondamentaux » de la topologie combinatoire, et J. Dieudonné se souvient en 1988 :

> En France, presque personne ne connaissait alors Alexander ; en fait, j'étais une exception, puisque je venais de passer à Princeton l'année scolaire 1928-29 ; mais, hélas, je n'en avais retiré qu'un dégoût prononcé pour les méthodes combinatoires de l'école de Princeton, dont je ne comprenais pas alors la portée.

Durant l'année scolaire 1929-1930, il est agrégé préparateur de mathématiques à l'École Normale Supérieure et il suit le cours de E. Picard *Quelques applications analytiques de la théorie de surfaces algébriques,* qu'il a rédigé, d'après E. Picard ([366], VIII), avec « un soin tout particulier ».

Du 1er novembre 1930 au 15 juin 1931, il a une bourse *Rockefeller Foundation Fellowship,* dont le but était le suivant :

> Poursuivre les études sur la question de trouver les conditions nécessaires et suffisantes nouvelles pour une fonction d'une variable complexe d'être univalente dans le cercle unité, à l'Université de Berlin avec le professeur L. Bieberbach, pendant le semestre d'hiver 1930, à l'Université de Zurich avec le professeur G. Polya, durant les semestres de printemps et d'été 1931.

A Berlin, il rencontre M. Brelot, entré à l'École Normale Supérieure en même temps que lui ([189], 51) :

> Nous nous sommes retrouvés à Berlin pendant le premier semestre 1930-31. Nous nous voyions très souvent, et, ayant appris à mieux nous connaître qu'à l'École, c'est de ce temps que date notre longue amitié, qui ne s'est jamais démentie ; nous n'avions pas de secrets l'un pour l'autre, et faisions même bourse commune dans les moments difficiles.

De G. Polya, il a gardé ([379], 97) le souvenir d'un « maître incomparable ».

Jean Dieudonné a passé, en 1931, sa thèse, dédiée à ses parents, *Recherches sur quelques problèmes relatifs aux polynômes et aux fonctions bornées,* devant le jury dont le président était E. Picard et les examinateurs E. Vessiot et P. Montel. Sa seconde thèse concernait *Les équations de définition des groupes continus (infinis) de transformation.*

P. Montel écrit dans son rapport de thèse du 30 avril 1931 (Archives Nationales, AJ[16] 5546) :

> Ce travail démontre chez son auteur de remarquables qualités d'invention, des connaissances très étendues et une réelle habileté analytique. Les idées sont presque toujours simples, les méthodes naturelles et souvent élégantes, les raisonnements rigoureux et les résultats précis. L'ensemble décèle un esprit mathématique de haute qualité.

J. Dieudonné se souvient en 1990 ([379], 101) :

> Quand j'étais étudiant, dans le domaine mathématique, en France, on n'enseignait guère que l'analyse. Je ne connaissais pas grand chose d'autre à l'issue de mes études, et j'ai donc fait une thèse en analyse, plus précisément en analyse de fonctions de variable complexe. J'ai même un peu travaillé, à cette époque, sur la fameuse conjecture de Bieberbach, mais sans aller très loin dans cette direction.

En 1931-1932, il est au Centre National de la Recherche Scientifique qui vient d'être créé. Après avoir été chargé de cours à la Faculté des Sciences de Bordeaux pendant l'année universitaire 1932-1933, il est nommé, en 1933, à la Faculté des Sciences de Rennes, où il enseigne de 1933 à 1937. Il a évoqué cette époque en 1988, lors de la journée dédiée à L. Antoine, devenu aveugle à la suite d'une blessure reçue pendant la guerre en avril 1917 ([186]) :

> Je ne puis malheureusement évoquer ici que très peu de souvenirs personnels concernant Louis Antoine. Bien entendu, j'avais énormément de respect et d'admiration pour un homme qui avait pu surmonter un handicap aussi terrible et se faire un nom dans la recherche mathématique. Mais mes rapports avec

Antoine ne dépassèrent jamais beaucoup les questions liées au service d'enseignement à la Faculté. J'y avais été nommé comme chargé de cours d'un maître de conférences qui, lui-même enseignant à Lille comme chargé de cours d'un professeur absent, n'occupait pas le poste auquel il avait été nommé ; c'est seulement au bout de deux ans que je devins titulaire de la maîtrise de conférences.

A l'époque les Facultés des Sciences de province étaient squelettiques. A Rennes il y avait deux chaires et une maîtrise de conférences pour les mathématiques. Antoine occupait la chaire de calcul différentiel et intégral et, comme professeur le plus ancien, était responsable de ce qu'on n'appelait encore pas le « département » de mathématiques. La seconde chaire était occupée par Légaut, qui enseignait la mécanique rationnelle. Les mathématiques générales devaient en principe être enseignées par le maître de conférences, mais c'était en fait le professeur de la classe de spéciales au Lycée qui en était chargé, en heures supplémentaires ; Antoine avait plus de confiance en lui qu'en mon inexpérience, et sans doute n'avait-il pas tort. Durant mon séjour à Rennes, je fus donc chargé de tous les travaux pratiques, oraux et écrits ; car, bien entendu, il n'y avait à l'époque ni assistants ni maîtres assistants.

Rétrospectivement, je regrette de n'avoir pu échanger avec Antoine des idées mathématiques qui eussent pu nous être profitables à tous deux ; mais l'obstacle à cet échange était ma profonde ignorance, à cette époque, des sujets qu'il avait traités dans ses mémoires.

Pendant l'année universitaire 1933-1934, J. Dieudonné participe au Séminaire de G. Julia, dont c'était la première année, en faisant des exposés sur l'*Algèbre des matrices* ([14]) et sur la *Théorie des corps gauches* ([15]).


## 1.5. « LES DEUX ÉVÉNEMENTS LES PLUS IMPORTANTS » DE SA VIE

Ils se sont produits à l'automne 1934 : c'est ([144], t. I, 2) la rencontre de la jeune fille qui devait devenir sa femme et la création du groupe Bourbaki.

Il a rencontré sa future épouse aux Concerts Lamoureux qui ont toujours lieu, à la salle Pleyel, le dimanche à 17 h 45. La jeune fille, Mademoiselle Odette Clavel, a fait tomber son programme et un « grand beau jeune homme » l'a ramassé. Ils se sont mariés le 22 juillet 1935.

Il a déclaré à la fin de sa vie à propos de ce premier événement ([376], 341) :

> C'est comme l'illumination scientifique. Quand je l'ai rencontrée — elle travaillait à l'époque dans un laboratoire de chimie — j'ai tout de suite su que c'était la bonne. Après cinquante-six de mariage, nous sommes toujours heureux ensemble.

Mais il reconnaissait que son épouse, son fils et sa fille ont dû pâtir de sa passion pour les mathématiques ([379], 106) :

> Ma femme et mes enfants n'ont guère eu de contacts avec moi quand j'étais absorbé par mes recherches mathématiques, et ils ont souffert de cette situation.

La naissance du groupe Bourbaki est liée aux Séminaires de J. Hadamard et de G. Julia ([104], t. I, 158-159) :

> Depuis qu'Hadamard se fut retiré en 1934, le Séminaire a continué, sous une forme légèrement différente, sous la direction de G. Julia. Il s'agissait d'étudier sous une forme plus systématique les grandes idées qui provenaient désormais de toutes les directions. Les choses en étaient là lorsque naquît le projet de publier un ouvrage d'ensemble qui ne comprendrait plus sous forme de séminaire mais sous celle de traité les idées principales de la mathématique moderne. C'est l'origine des *Éléments de mathématiques*.

Les membres du groupe étaient très impressionnés par le livre *Moderne Algebra* de B.L. van der Waerden paru en 1930-1931, mais peu satisfaits des livres sur la topologie générale.

J. Dieudonné m'écrivait le 6 décembre 1984 sur la première apparition du nom de Bourbaki ([178], 221) :

> C'est effectivement une idée de Weil : à Aligarh il s'était lié avec le mathématicien hindou D. Kosambi, lequel avait une querelle avec un de ses collèges dont je ne sais pas le nom ; Weil lui suggéra, pour faire « perdre la face » à son adversaire,

de publier un article où il ferait référence à un mémoire imaginaire que l'autre, évidemment, ne connaîtrait pas et en serait humilié ! L'article est effectivement paru sous le titre : *On a generalization of the second theorem of Bourbaki,* dans *Bull. Acad. Sci. Allahabad,* vol. 1 (1931-1932), p. 145-147. C'est probablement introuvable, mais je crois me souvenir que j'ai eu avant la guerre un tirage à part de l'article. En tout cas, ce dernier a dûment été analysé dans le *Jahrbuch,* t. 58 (1932), p. 764, par Schouten : il y est dit en effet qu'un mathématicien russe du nom de D. Bourbaki aurait publié un résultat sur les dérivées covariantes, que Kosambi généralise dans l'article ; Kosambi disait aussi dans l'article que le mémoire de Bourbaki lui avait été signalé par A. Weil, mais Schouten a cru que c'était une erreur de nom et dit dans son compte rendu que c'est H. Weyl qui aurait signalé le mémoire russe à Kosambi, et il ajoute que malheureusement il ne sait pas dans quel périodique est paru le mémoire ! ! !

A cette époque A. Weil enseignait à *The Muslim University* d'Aligarh *(Inde).* D. Kosambi précise dans son article que D. Bourbaki est mort « pendant la révolution » et qu'il est « hautement souhaitable que les papiers laissés par Bourbaki après sa mort, et qui se trouvent actuellement à l'Académie de Leningrad, soient publiés dans leur totalité ».

Voici quel était le projet des membres du groupe ([379], 101) :

> Notre dessein était d'écrire collectivement un grand traité moderne d'analyse, dans lequel chaque chapitre aurait constitué un volume à part entière. Au cours des discussions que nous avons eues pour déterminer le contenu des différents chapitres, nous nous sommes aperçus qu'il fallait introduire bien des notions différentes de l'analyse. Peu à peu, je me suis donc mis à l'étude de l'algèbre, de la topologie, de l'analyse fonctionnelle, de la théorie des groupes, etc., pour pouvoir rédiger les parties qui m'étaient dévolues dans l'œuvre de Bourbaki. Au fur et à mesure de ce travail, j'ai souvent rencontré des problèmes qui n'étaient pas résolus, ou mal résolus ; j'ai entrepris d'y réfléchir et cela m'a permis d'en éclaircir quelques uns, sur des sujets assez variés, tels que la dualité dans les espaces localement convexes, la structure et les automorphismes des groupes classiques, la structure des groupes formels.

C'est sa passion pour les encyclopédies et les classifications qu'il a assouvie dans le travail du groupe ([144], t. I, 3) :

> Bizarre passion, mais qui seule peut expliquer l'ardeur avec laquelle je me mis à rédiger les multiples états par lesquels doit passer tout chapitre du Traité avant d'être définitivement approuvé par la confrérie. Mais j'étais loin d'escompter l'effet qui en résulta sur mon développement intellectuel. L'entreprise exigeait que chaque membre du groupe se chargeât de mettre en forme des théories sur lesquelles il ne savait souvent à peu près rien. Pour moi, ce fut une gymnastique intellectuelle d'une extraordinaire efficacité. Livré à moi-même, je serais sans doute resté toute ma vie cantonné dans un étroit secteur de l'analyse ; obligé d'apprendre sans cesse du nouveau et d'essayer de le repenser avec un esprit vierge, je fus amené, presque sans le vouloir, et tout en assouvissant à plaisir ma manie classificatrice, à travailler moi-même dans des parties de plus en plus étendues des mathématiques. En outre, je ne cessais de bénéficier, au cours des multiples réunions de notre groupe, des idées souvent extrêmement originales et pénétrantes de mes coéquipiers, et ce n'est pas une exagération de dire qu'ils sont certainement de moitié dans tout ce que j'ai pu faire.

P.G. Lejeune Dirichlet avait fait ([295], 16) de R. Dedekind un « homme nouveau » lorsqu'il a été nommé à Göttingen et lui avait ouvert de nouveaux horizons en mathématiques ; on peut dire aussi que le groupe Bourbaki a fait de J. Dieudonné un mathématicien nouveau.

Lors de l'émission radiophonique sur le groupe Bourbaki ([238]), H. Cartan indiquait qu'il fallait, pendant les réunions du groupe, que quelqu'un « établisse un minimum de discipline », et ce fut J. Dieudonné qui, sans y être explicitement désigné, a assumé ce rôle, d'où son surnom d'« adjudant ». Les rédactions finales étaient toutes écrites par le « fidèle adjudant », auquel Nicolas Bourbaki avait rendu publiquement hommage dans la *Préface* d'un des volumes de son traité et c'est la première fois que son prénom de Nicolas fut imprimé dans sa totalité.

Le titre du traité *Éléments de mathématique* a été choisi, bien sûr, à cause des *Éléments* d'Euclide. Mais est-ce compatible avec le cri de J. Dieudonné : « A bas Euclide ! ». C'est au cours d'un congrès organisé par la Communauté économique euro-péenne sur l'enseignement de la géométrie dans les classes du secondaire que ce slogan fut lancé : J. Dieudonné a été « effaré » par les programmes de 1950 et il a déclaré qu'il « ne faut pas suivre Euclide aveuglément, il faut faire autrement, à bas Euclide » !

J. Dieudonné m'a dit en avril 1976 que les mots anneaux de Dedekind, artinien et noethérien utilisés dans le traité de Bour-baki sont de lui.

Il écrivait le 15 mai 1977 à R. Schierenberg à propos de E. Freymann, directeur chez Hermann, éditeur des *Éléments* de Bourbaki :

> Sans lui il est probable que les ouvrages de Bourbaki n'au-raient pas vu le jour. Nous étions à ce moment-là fort jeunes et presque inconnus, et il est probable qu'un autre éditeur ne se serait lancé dans une aventure qui ne se présentait certainement pas sous des aspects commerciaux alléchants ; d'autant plus que les « pontifs » de l'époque, qui ne nous aimaient guère, n'avaient pas manqué de faire savoir à Freymann qu'ils n'avaient aucune sympathie pour notre projet.

C'est J. Dieudonné ([386], 535) qui a rédigé « quasi intégra-lement les notices historiques des *Éléments* de Bourbaki » et il écrit à ce propos à J. Weil le 18 avril 1974 :

> Je puis vous dire (puisque j'ai participé à leur élaboration) que tout ce qui est dit dans les *Éléments d'histoire des mathé-matiques* de Bourbaki a été vérifié sur pièces, et presque tou-jours sur des documents de première main (avec citations).

Il me semble intéressant de noter qu'en 1949 A. Denjoy voyait en J. Dieudonné l'élément bourbachique distingué ([240], 232) :

> Frappés de l'aisance avec laquelle M. Dieudonné cite de mémoire Nicolas Bourbaki, et afin de fixer cette polyvalence dans l'une de ses déterminations possibles, nous trouverons commode de voir Bourbaki sous les traits de M. Dieudonné.

G. Choquet a fait des réserves ([379], 62) sur les opinions tranchées des bourbakistes dans certaines parties des mathématiques, notamment à propos des mesures abstraites en probabilités.

## 1.6. « LE DIEU MATHÉMATIQUE EST LÀ QUI ENTRE DANS VOTRE VIE »

En 1937, Jean Dieudonné est nommé maître de conférences à la Faculté des Sciences de Nancy, puis professeur, où il enseigne de 1937 à 1946 et de 1948 à 1952, après deux années passées à l'Université de Sao Paulo au Brésil de 1946 à 1948 (à cette occasion L. Nachbin a subi ([330], 2) l'influence de ses travaux sur les espaces vectoriels topologiques).

J'ai entendu G. Choquet affirmer en mai 1993 qu'il avait fait son premier cours d'analyse à la Faculté des Sciences de Paris en se servant des notes de J. Dieudonné de ses cours à Nancy.

M. Roubault, ancien doyen de la Faculté des Sciences de Nancy a rappelé en 1969 la participation de J. Dieudonné aux réunions du Conseil de cette Faculté ([372]) :

> Les aspects de ta personnalité, qui se dégageaient dans un tel cadre, se résument en deux mots : une *honnêteté* sans défaillance et une *franchise* dans l'expression qui parfois surprend, mais qui est pour moi une qualité bien rare.

Il rappelle aussi un autre domaine que les mathématiques où J. Dieudonné déployait ses qualités d'artiste « qu'apprécient fort ses invités : celui de la cuisine ».

Il est mobilisé en septembre 1939 et, officier derrière la ligne Maginot ([379], 105), il fait « descendre un piano dans le cagibi » où il logeait. Envoyé à Tours ([376], 341), comme lieutenant de la défense antiaérienne, il rejoint ensuite Nevers, au moment de l'avance des Allemands, et traverse la Loire :

> A deux heures près, j'étais fait prisonnier.

C'est ensuite l'armistice de 1940 ([379], 97) :

> Je n'ai pas pu retourner aussitôt à Nancy qui se trouvait en zone décrétée interdite par les Allemands. Le ministère de l'Éducation nationale m'a alors envoyé à l'Université de Cler-

mont-Ferrand, où j'ai donné des cours jusqu'en 1942, date à laquelle j'ai pu regagner Nancy.

Voici comment il surmontait « l'anxiété collective » pendant la guerre ([184]) :

> Tous ceux qui ont un certain âge ont connu la guerre de 1939-1945. Il y avait des moments où l'on avait vraiment de l'anxiété avec d'excellentes raisons. Quand on était bombardé, par exemple. Pour moi, cela a plutôt été le contraire, c'était un refuge. Quand cela allait trop mal, je me plongeais dans un problème mathématique et j'oubliais les horreurs qui se passaient à l'extérieur.

En 1944, il reçoit le Grand Prix de Mathématiques de l'Académie des Sciences de Paris.

Vers 1946, sa recherche mathématique est en panne ([376], 341) :

> Il arrive aussi à l'homme de science de traverser de longues périodes de sécheresse : pendant une année entière — j'avais alors quarante ans, et, professeur à Nancy, j'avais déjà publié pas mal de choses — je me suis retrouvé vide d'idées. Mais *vide*, vraiment. Alors j'ai pensé à Gauss qui, lui, chercha pendant cinq ans le signe d'une expression algébrique. Et j'ai pris ça avec le sourire. Les échecs aussi font partie de la condition humaine, on ne va pas en faire un monde !

Lors du colloque *Anxiété et recherche,* tenu en 1987, à la question : « Qu'en est-il de l'anxiété à toutes les époques de la vie d'un chercheur, de sa vocation à ses découvertes, mais aussi à ses échecs ? », il répond ([184]) :

> Je ne sais pas ce que cela veut dire. J'ai naturellement, comme tout le monde, fait mes classes, j'ai passé des examens, j'ai passé l'agrégation et, après cela, je me suis dit que je pouvais essayer de faire un doctorat, comme beaucoup de mathématiciens. Naturellement, quand on commence ainsi, on ne sait pas du tout si la recherche qu'on va entreprendre réussira ou non. C'est une question de chance. Moi, cela a réussi si bien que j'ai pu passer un doctorat. A partir du moment où vous avez un doctorat et que vous êtes installés dans l'enseignement supérieur, vous faites ce que vous voulez. C'est la libéralité du sys-

tème français. Quand y a-t-il de l'angoisse ? A mon avis, jamais. Qu'est-ce qui se passe dans la vie d'un chercheur ? On est sur un problème. On réussit quelquefois et il y a même ce qu'on appelle des illuminations. On travaille longtemps sur quelque chose et puis, un beau jour, on y voit clair. Oh, cela n'arrive pas souvent ! Moi, je peux dire que cela m'est arrivé trois ou quatre fois dans ma vie en tout.

Dans un livre, paru en 1993, il raconte une de ces illuminations ([376], 340-341) :

> Je me vois encore dans la bibliothèque de l'Université où je me trouvais, près de Chicago, brusquement envahi par la *certitude*. Je m'intéressais à l'époque (vous tenez vraiment à le savoir ?) aux « modules sur un anneau non commutatif ». C'est un bonheur prodigieux qui vous tombe dessus. Un peu comme une illumination mystique : le dieu mathématique est là qui entre dans votre vie. J'imagine assez bien les évangélistes transportés de la même manière.

Pendant l'année universitaire 1952-1953, il est professeur à l'University of Michigan (U.S.A.), de 1953 à 1959 à la Nothwestern University (U.S.A.), et de 1959 à 1964 à l'Institut des Hautes Études Scientifiques à Bures-sur-Yvette.

Il reçoit en 1963 le prix Petit d'Ormoy de l'Académie des Sciences.


## 1.7. UN « RÊVE ANCIEN »

De 1964 à 1969 il est professeur à la Faculté des Sciences qui venait d'être créée à Nice. Ainsi se réalise son rêve de jeunesse ([144], t. I, 4-5) :

> Ma venue à Nice est l'heureux, bien que tardif, aboutissement d'un amour de jeunesse : le garçon du Nord que j'étais avait littéralement été ébloui quand, à 14 ans, le miracle de la Côte d'Azur lui avait été révélé. J'en suis resté marqué toute ma vie, en dépit de nombreux voyages qui m'ont permis de connaître les paysages les plus variés de notre planète ; et j'ai longtemps maudit le mauvais sort qui voulait que la seule ville

où je souhaitais me fixer n'eût pas d'université. C'est au seuil de la soixantaine seulement que mon rêve ancien s'est matérialisé.

Mais il finira ses jours à Paris.

Il sera le premier doyen de la nouvelle Faculté des Sciences et R. Davril, recteur de l'Université de Nice décrit ainsi ce doyen de choc ([372]) :

> J'ai plutôt découvert un lutteur pacifique, allant droit son chemin, mû par une énergie implacable, secoué parfois d'énormes colères qui faisaient trembler les vitres, avant que ne revienne l'apaisement, la conciliation, et pour tout dire la bonté agissante. J'ai aimé en vous cette force et cette droiture, ou si vous préférez votre caractère. On a, dans ce pays, trop souvent négligé cette vertu primordiale qu'est le caractère.

J. Dieudonné est élu correspondant de l'Académie des Sciences — en remplacement de S. Lefschetz — en 1965, et il sera élu membre de l'Académie en 1968. Il reçoit le prix Gaston Julia en 1966.

Il était membre associé étranger de l'Académie des Sciences de Madrid et de l'Académie des Sciences de Belgique.

A soixante ans, ainsi que pour ses soixante-dix ans, il subira ([376], 342), « la seule véritable épreuve » de sa vie : la mort de ses parents et l'impuissance ressentie devant leurs souffrances.

En 1969 et 1970, il est professeur à *Notre-Dame University* ; en 1970, il est nommé professeur honoraire de la Faculté des Sciences de Nice et en 1978 promu officier de la Légion d'Honneur.


## 1.8. LA MORT : « ELLE NE M'ANGOISSE PAS »

En 1991, il entre dans le *Petit Larousse,* et lorsque je lui soumets, en décembre de cette année, la liste des conférenciers, où il figure, du colloque *Le développement des mathématiques de 1900 à 1950,* qui devait avoir lieu en juin 1992, il me dira :

> Je serai mort alors.

Peu de temps avant son décès, il affirmait dans une interview à propos de la mort ([376], 343) :

> Elle ne m'angoisse pas, je suis persuadé que, comme tous les animaux, je disparaîtrai intégralement.

Depuis dix ans, sa santé, qui était éclatante, s'affaiblissait, il se fatiguait et il avait de la peine à marcher :

> J'ai mes modèles : Socrate, Montaigne, ils m'enseignent l'art de prendre ces désagréments le mieux possible.

Vers 1987, il s'est remis à étudier le grec et le latin :

> Aujourd'hui, je suis prêt à partir. On me dirait « dans un mois », ce serait parfait. Je n'en réclame pas plus, j'ai eu tout ce que je voulais de la vie.

Selon son habitude, les derniers jours de sa vie il lisait plusieurs livres, passant de l'un à l'autre. Sur sa table de chevet, et bien qu'il affirmait ([379], 105) : « je ne lis jamais de romans et je ne suis pas sensible à la poésie », se trouvaient le jour de son décès *La comédie humaine* de Balzac, tome IV de la Pléiade, les *Œuvres* de C. Marot, tome IV, publié par Delarue, le tome I des *Œuvres complètes* de Montaigne, de la Pléiade, le tome III de *A la recherche du temps perdu* de M. Proust, de la Pléiade, les *Œuvres* de Mallarmé publiées par Garnier, les *Romans et Contes* de Voltaire, de la Pléiade, ainsi que la *Géométrie non commutative* de A. Connes.

Il écoutait alors les disques de J.-S. Bach, W.A. Mozart et B. Bartok.

Dans l'après-midi du dimanche 29 novembre 1992, il était, comme tous les dimanches, entouré de sa femme et de ses enfants qui venaient déjeuner. Il a senti une extrême fatigue et ses dernières paroles furent :

> Je vous dis au revoir, non, je vous dis adieu.

Il est mort ce jour vers 17 heures, 120 avenue de Suffren. Il a été incinéré et l'urne contenant ses cendres a été déposée dans le caveau familial au Cimetière Sud de Lille.

Il avait raison de dire peu de temps avant sa mort ([376], 339) :

La vie m'a souri de bout en bout ; je n'en voudrais pas d'autre, s'il me fallait recommencer.

## 1.9. « UNE FIGURE EMBLÉMATIQUE »

P. Germain, Secrétaire perpétuel de l'Académie des Sciences de Paris, a dédié ([320]) son discours prononcé lors de la séance solennelle de l'Académie le 30 novembre 1992 à J. Dieudonné, mort la veille, « ce géant des mathématiques de notre siècle qui a su si bien dire ce que font et ce que sont les mathématiques ».

J.-P. Dufour écrit dans le journal *Le Monde* du 2 décembre 1992 ([291]) :

> Tous ceux qui l'ont côtoyé sont d'accord sur au moins un point : Jean Dieudonné était « une figure emblématique », l'un des personnages-phares de l'histoire des mathématiques contemporaines.

J.-P. Pier écrit le 10 décembre 1992 dans *La Voix du Luxembourg* ([367]) que J. Dieudonné était « l'une des figures mathématiques les plus marquantes de ce siècle », le « dernier mathématicien au savoir encyclopédique ».

Pour J.-L. Verley ([386], 534), J. Dieudonné « a joué un rôle exceptionnel dans les mathématiques du XXe siècle », il était le dernier mathématicien « à avoir pu embrasser la totalité des mathématiques de son temps »[1].

---

1. Un colloque international en l'honneur de Jean Dieudonné sera organisé en 1995 à Nice à l'occasion de l'inauguration du bâtiment de mathématiques portant son nom. Le thème de ce colloque sera *Matériaux pour servir à l'histoire des mathématiques du XXe siècle,* et son comité scientifique est composé de A. Borel, H. Cartan, F. Hirzebruch, S. Iyanaga, J. Leray, Y.I. Manin, L. Schwartz, J.-P. Serre et A. Weil.

# 2

# LA MATHÉMATIQUE SOUVERAINE

> « Les mathématiques », disait-il à la fin de sa
> vie, « ont été pour moi une maîtresse », décla-
> ration que reprendraient volontiers à leur
> compte la plupart des mathématiciens.
> J. DIEUDONNÉ, *Jean Le Rond d'Alembert*
> ([167], 42).

## 2.1. THÉORIE DES FONCTIONS

Le *Choix d'œuvres mathématiques* de Jean Dieudonné,
publié en 1981, est une excellente source pour connaître son
œuvre mathématique, d'autant plus qu'on est guidé par sa
remarquable *Notice sur les travaux scientifiques* ([144], t. II,
691-722) dont l'analyse s'arrête en 1967. Voici comment cet
ouvrage a été présenté par son éditeur :

> J. Dieudonné s'est attaché à rendre aux mathématiques leur
> pureté originelle. Mettant en lumière les structures fondamen-
> tales, il a tenté de les affranchir de conceptions périmées et de
> calculs adventices. Loin d'établir une distinction entre mathé-
> matiques pures et mathématiques appliquées, il a constamment
> œuvré pour que les mêmes préoccupations interviennent dans
> les deux directions.

Dans sa thèse de 1931, *Recherches sur quelques problèmes relatifs aux polynômes et aux fonctions bornées d'une variable complexe*, il affirme dans son *Introduction* ([244], 250) :

> Dans les démonstrations de beaucoup de propositions de ce travail, je n'ai pas craint de faire un large appel à l'intuition géométrique ; j'estime qu'il n'y a pas lieu de se priver d'un aussi précieux auxiliaire.

Dans sa très intéressante conférence, publiée en 1982, sur *La domination universelle de la géométrie,* il analyse d'abord ce qu'était la géométrie chez les Grecs ([151], 1) :

> Contrairement à une croyance très répandue, l'idée d'une géométrie « pure », séparée de l'algèbre, est tout à fait récente (début du 19e siècle) ; elle était complètement étrangère aux Grecs, qui ne connaissaient pas l'algèbre au sens moderne. En revanche, leur géométrie était vraiment une « algèbre-géométrie », un mélange complexe de raisonnements purement géométriques, et de calculs sur des rapports de segments.

Mais la géométrie aurait-elle perdu son identité à notre époque ([151], 7) :

> Au contraire, je pense qu'en éclatant au delà de ses étroites frontières traditionnelles elle a révélé ses pouvoirs cachés, sa souplesse et sa faculté d'adaptation extraordinaire, devenant ainsi un des outils les plus universels et les plus utiles dans tous les secteurs des mathématiques. Et si quelqu'un parle de la « mort de la géométrie », il prouve simplement qu'il est complètement ignorant de 90 % de ce que font les mathématiciens aujourd'hui.

Il démontre ([244], 318) dans sa thèse un cas particulier de la célèbre conjecture de Bieberbach qui sera démontrée en 1985 par L. de Branges :

On a $|a_n| \leq n$ pour les fonctions univalentes

$$(1) \qquad f(z) = z + a_2 z^2 + \ldots + a_n z^n + \ldots, z \in \mathbb{C}$$

à coefficients *réels,* définie pour $|z| < 1$.

Il détermine ensuite ([244], 348) le rayon minimum de

*p*-valence d'une fonction analytique, bornée par *M* et de la forme (1), en fonction de *M* et de *p*, et il ajoute en note :

> M. Landau m'a communiqué une intéressante démonstration purement algébrique de cette proposition.

Il reviendra, en 1987 ([185]), sur les travaux de E. Landau en théorie des fonctions d'une variable complexe.

En 1938, J. Dieudonné publie *La théorie analytique des polynômes d'une variable* ([250]), qui est la première monographie sur la localisation des zéros d'un polynôme d'une variable. Il dégage ([144], t. I, 77-79), en 1939, une idée générale, permettant de résoudre, au point de vue qualitatif, le problème posé :

> On considère une famille F de polynômes d'une variable complexe, de degré *borné,* et qui dépendent d'un certain nombre de *paramètres* variables ; il s'agit de savoir *s'il existe,* et dans l'affirmative de *déterminer,* des régions du plan complexe (non identiques au plan entier) telles que *tout* polynôme de la famille possède, dans une telle région, *un nombre de zéros au moins égal à un nombre donné r > 0.*

La méthode générale, qu'il expose dans ce mémoire, a été appliquée dans son étude de 1937 ([248]) *Sur la variation des zéros des dérivées des fractions rationnelles.* Cette étude utilise les résultats ([248], 133), obtenus dans le mémoire, de 1934 ([247]), *Sur quelques points de la théorie des zéros des polynômes,* ainsi que dans l'article, de 1932 ([247], 292), *Sur le théorème de Grace et les relations algébriques analogues* ([245]).

Il étend, en 1949 ([263], 128-129), la méthode du polygone de Newton aux équations de la forme

$$f(x, y) = 0, \ x, y \in \mathbf{R},$$

*f* n'étant pas nécessairement analytique au voisinage de (0,0).

## 2.2. TOPOLOGIE GÉNÉRALE

Le 4 octobre 1937, dans son premier travail de topologie générale, *Sur les fonctions continues numériques définies dans un produit de deux espaces compacts,* il introduit ([144], t. I, 141-142) la notion de partition de l'unité. Ce concept a été également présenté la même année ([225], 336), de façon indépendante et dans un cadre moins général, par S. Bochner.

Soit *E* un espace compact, et J. Dieudonné précise :

> *Compact* est pris ici au sens de M. Bourbaki : un espace *compact* est identique à ce qui est appelé espace *bicompact* dans la terminologie d'Urysohn.

On trouve le terme *bicompact* dans un article de 1924 de P.S. Aleksandrov et P.S. Urysohn ([219], 259), mais cette notion avait déjà été introduite par L. Vietoris en 1921 qui la désignait ([387], 189) par *lückenlose Menge* (« ensemble non lacunaire »).

Pour définir la partition de l'unité, J. Dieudonné considère une suite $(\lambda_k)$, $1 \le k \le m$, de fonctions continues définies sur *E* à valeurs comprises entre 0 et 1, telle que

$$\sum_{k=1}^{m} \lambda_k(x) = 1$$

partout et que, pour chaque *k,* le support de $\lambda_k$ soit contenu dans un ouvert $A_k$ d'un recouvrement donné de *E*.

Cette notion est utilisée ([144], t. II, 698) en topologie et en géométrie différentielle pour « localiser » les problèmes, sans introduire de discontinuités, comme « lorsqu'on prend une partition de *E* en ensembles disjoints ».

A la fin de son livre *Sur les espaces à structure uniforme et sur la topologie générale,* A. Weil pose ([389], 182) la question suivante :

> Quels sont les espaces topologiques susceptibles d'une structure uniforme pour laquelle ils sont complets ?

Le mémoire de J. Dieudonné de 1939 *Sur les espaces complets* est consacré à ce problème. Dans ses *Préliminaires,* il renvoie ([144], t. I, 144) à l'exposé « didactique et détaillé de ces questions dans la partie du *Traité d'analyse* », premier titre des *Éléments de mathématique* de N. Bourbaki, « qui paraîtra prochainement » : ce sera le tome I de *Topologie générale* publié en 1940.

J. Dieudonné démontre ([1444], t. I, 150) qu'il est possible de munir d'une structure d'espace complet ([303], 25) un espace localement compact, réunion dénombrable d'ensembles compacts. De même, « on peut munir tout espace métrisable d'une structure uniforme d'espace complet, compatible avec sa topologie », mais cette structure d'espace complet peut ne pas être une structure d'espace métrique.

Il énonce dans sa note du 23 octobre 1939, *Sur les espaces topologiques susceptibles d'être munis d'une structure uniforme d'espace complet,* le théorème général suivant ([144], t. I, 162) :

> Tout espace topologique uniformisable, dont la topologie est plus fine qu'une topologie d'espace métrisable, est susceptible d'être muni d'une structure d'espace complet.

Dans son étude *Sur les fonctions continues p-adiques,* parue en 1944, il considère un ensemble $V_n(x)$, à savoir l'ensemble des $y \in \mathbf{Q}_p$ — le complété du corps topologique $\mathbf{Q}$ des nombres rationnels muni de la valeur absolue *p*-adique ([144], t. I, 178) — tels que

$$|y - x| \leq \frac{1}{2^n},$$

et il montre qu'il est à la fois ouvert et fermé, « et par suite n'a pas de frontière ». Il répond donc, écrit-il, « entièrement » à la définition de Pascal :

> Un cercle dont le centre est partout et la circonférence nulle part.

Voici ce que dit exactement Pascal (ces références m'ont été fournies par G.T. Guilbaud), parlant dans les *Pensées* (199-72) de la « nature entière » ([364], 525-526) :

> C'est une sphère infinie dont le centre est partout, la circonférence nulle part.

Mais cette idée est fort ancienne, comme l'indique E. Jovy. Depuis très longtemps, la sphère infinie a été comparée soit à Dieu, soit à la nature, et cette pensée de Pascal remonte ([333], 49) à Empédocle.

J. Dieudonné démontre dans ce mémoire que dans un corps *p*-adique ([144], t. I, 187-188) il y a des fonctions qui ne sont constantes dans aucun ouvert non vide et qui pourtant y ont une dérivée identiquement nulle.

Il introduit, également en 1944, la notion d'espace paracompact ([144], t. I, 166) qui est caractérisé par l'existence de recouvrements ouverts localement finis plus fins qu'un recouvrement ouvert arbitraire de l'espace.

Il démontre ([144], t. I, 170) que tout espace métrisable séparable est paracompact. A.H. Stone montrera en 1948 ([380], 979) qu'un espace métrique quelconque est paracompact.

Cette notion joue un rôle important en topologie générale et en topologie algébrique, où elle permet ([287], 292) d'appliquer la définition de la cohomologie de Čech

## 2.3. ESPACES VECTORIELS TOPOLOGIQUES

Dans deux notes, *Topologies faibles dans les espaces vectoriels* et *Équations linéaires dans les espaces normés,* des 12 et 26 août 1940, J. Dieudonné — généralisant le travail de G. Köthe et O. Toeplitz de 1934 ([339], 197) — expose la théorie des espaces vectoriels topologiques, qui a ([22], 94) « son origine » dans la note de N. Bourbaki de 1938 ([226]) *Sur les espaces de Banach.* Il étudie la dualité dans les espaces vectoriels topologiques, munis de la topologie faible, qui joue un rôle très important dans les problèmes relatifs aux équations fonctionnelles linéaires. Soient *E* et *F* deux espaces vectoriels topologiques sur **R** ou **ℂ** , alors leurs topologies peuvent être liées à la notion de dualité grâce à la notion de topologie *faible* sur *E* qui est la moins fine sur *E* pour laquelle *F* devienne le dual de *E*, à savoir l'espace des formes linéaires *continues* sur *E*. Il énonce, en particulier ([23], 131), le théorème suivant :

> Pour qu'une topologie d'un espace localement convexe séparé soit une topologie d'espace normé, il faut et il suffit qu'il existe un voisinage de l'origine faiblement borné.

Il développe ces deux notes dans *La dualité dans les espaces vectoriels topologiques,* paru en 1942, où il donne ([144], t. I, 235) un exposé d'ensemble de la théorie de la dualité.

Après avoir donné la définition d'un espace dual d'un espace vectoriel topologique localement convexe ([144], t. I, 238), il introduit ([144], t. I, 241) la topologie faible d'espace localement convexe. Il étudie ensuite ([144], t. I, 242-250) les propriétés de cette topologie, avant d'aborder la dualité dans les espaces normés ([144], t. I, 251-265).

J. Dieudonné continuera l'étude du problème de la dualité dans l'article de 1949, écrit en collaborations avec L. Schwartz. Il s'agit de la dualité dans les espace de Fréchet ([144], t. I, 300-301) — espaces localement convexes, métrisables et complets — et dans les espaces, introduits par eux, qui sont limites inductives de suites croissantes d'espaces de Fréchet, et qui jouent un rôle important dans la théorie des distributions.

En 1943, dans son mémoire *Sur les homomorphismes d'espaces normés,* il étudie ([144], t. I, 268) la variation des propriétés de ces espaces pour une petite perturbation.

Dans *Deux exemples singuliers d'équations différentielles,* il donne l'exemple ([144], t. I, 132-133) d'une équation différentielle pour une fonction continue dont les valeurs sont dans un espace normé et pour laquelle le théorème d'existence de Peano n'est pas valable, c'est-à-dire qu'elle n'admet aucune intégrale.

Il démontre dans l'article *Sur les espaces de Montel métrisables* ([144], t. I, 352) qu'un espace de Fréchet-Montel est séparable.

G. Köthe a exprimé en 1969 sa « profonde admiration » pour les contributions de J. Dieudonné au développement de l'analyse fonctionnelle ([372]) :

> Ces travaux étaient écrits pendant la guerre et pendant les premières années après la guerre. Je me souviens très bien de l'impression profonde qu'ils faisaient sur moi et de l'influence décisive sur l'orientation de mes propres recherches dans l'analyse fonctionnelle.
>
> Rappelons la situation de la théorie des espaces vectoriels topologiques avant la guerre. D'une part, on avait la théorie de Banach et son école, très développée et avec ses applications dans l'analyse, d'autre part, il existait une théorie parallèle des espaces des suites de Toeplitz et moi-même où la dualité jouait

un certain rôle. De la théorie plus générale des espaces localement convexes n'existaient que quelques résultats préliminaires
dus à von Neumann.

C'est M. Dieudonné qui a développé les idées fondamentales
d'une théorie puissante des espaces localement convexes qui
contient les deux théories mentionnées comme cas spéciaux.

Dans son travail *La dualité dans les espaces vectoriels topologiques* il introduit la notion de deux espaces vectoriels $E_1$ et
$E_2$ en dualité et les topologies faibles associées à cette notion.
La dualité faible ainsi établie est d'une grande importance dans
la théorie des espaces localement convexes. Si on a un espace
localement convexe $E$ et son dual $E'$, la paire $E$ et $E'$ est en dualité faible. Il y a beaucoup de notions et de résultats dans la
théorie des espaces localement convexes qui ne dépendent que
de cette dualité entre $E$ et $E'$ et non pas de la topologie initiale
définie sur $E$.

S. Banach a étudié aussi, affirme G. Köthe, les espaces de
Fréchet, « mais sans considérer l'espace dual », et chez lui la
notion de convergence était seulement la convergence des
suites. C'est J. Dieudonné qui a développé les notions et les
méthodes « qui sont maintenant classiques ».

## 2.4. INTÉGRATION

En 1941, J. Dieudonné fait dans son article *Sur le théorème
de Lebesgue-Nikodym* — et en utilisant un travail manuscrit sur
l'intégration rédigé par N. Bourbaki en 1939 ([255], 548) — une
étude abstraite de ce théorème et il montre ([255], 553) qu'il
caractérise essentiellement l'intégrale parmi les fonctionnelles
linéaires positives sur un anneau de Riesz. Soient $\mu$ et $\nu$ deux
mesures positives, alors ce théorème affirme que toute mesure
positive $\nu$, telle que les ensembles de mesure nulle pour $\mu$ soient
de mesure nulle pour $\nu$, est de la forme

$$f \to \mu\,(g\,f),$$

où $g$ est localement $\mu$-intégrable. Un anneau de Riesz est un
espace vectoriel réticulé muni en plus d'une structure d'algèbre
sur **R** avec la condition

$$\sup\,(z\,x,\,z\,y) = z \sup\,(x,\,y),\ z \geq 0.$$

Dans son mémoire *Sur le théorème de Lebesgue-Nikodym (II)* de 1944, il donne ([258], 206-207) une condition nécessaire et suffisante pour que le théorème de Lebesgue-Nikodym abstrait soit vrai. De plus ([258], 237), les seuls anneaux de Riesz pour lesquels ce théorème est vrai sont, à une isomorphie près, les anneaux de fonctions sommables pour une mesure complètement additive sur un ensemble.

Il étend ([261], 30, 35-39), dans *Sur le théorème de Lebesgue-Nikodym (III)* publié en 1948, ce théorème et ses conséquences aux intégrales des fonctions vectorielles.

*Sur le théorème de Lebesgue-Nikodym (IV)* de 1951 présente ([266], 77) sa généralisation aux fonctions à valeurs dans un espace de Banach. J. Dieudonné a été le premier à appliquer dans ce mémoire ([266], 80) le *lifting* utilisé par J. von Neumann en 1931 ([331], *Préface*) dans la théorie de la dérivation ([337], VII).

Il étudie dans *Sur la convergence des suites de mesures de Radon* de 1941 ([144], t. I, 377) les formes variées de convergences des séries de mesures de Radon, et dans *Sur le produit de composition* de 1956 ([144], t. I, 400) le comportement du produit de convolution pour deux de ces séries.

*Sur la théorie spectrale* de 1956 est consacré à la définition ([270], 176) de la multiplicité spectrale pour les opérateurs dans un espace de Banach et ([270], 185-186) à des contre-exemples à l'extension à ce cas des résultats classiques sur les multiplicités spectrales d'opérateurs dans un espace de Hilbert.


## 2.5. ALGÈBRE

Dans son mémoire *Sur le socle d'un anneau et les anneaux simples infinis,* de 1942, J. Dieudonné montre ([144], t. II, 36) que la topologie faible est également l'instrument principal ([104], t. I, 309) « dans la théorie purement algébrique des anneaux simples à idéaux minimaux, mais sans conditions de finitude ». Cette méthode, plus adaptée, permet de généraliser

([144], t. II, 47) le théorème de Molien-Wedderburn sur la structure d'un anneau simple de longueur finie.

Voici comment L. Félix a résumé l'exposé de J. Dieudonné sur cette migration de structures ([308], 39) :

> Dieudonné donne un exemple qu'il a vécu : il étudie une question d'algèbre. Échec. Quittant l'esprit d'algèbre, il reconnaît une analogie avec une structure topologique. Par un effort d'imagination, il tente d'introduire une structure de ce type. Succès. Alors il dispose d'un autre arsenal préparé d'avance et tout s'éclaire.

Dans son article *Sur le nombre de dimensions d'un module,* il considère ([144], t. II, 65) un espace vectoriel $E$ sur un corps $K$ muni d'une base infinie dénombrable, ainsi que l'anneau $A$ des endomorphismes de $E$. Il montre alors que $A$, considéré comme $A$-module, admet deux bases n'ayant pas le même nombre d'éléments.

En 1943, dans *Les déterminants sur un corps non commutatif,* il montre ([144], t. II, 85) qu'on peut développer une théorie des groupes classiques sur un corps quelconque non commutatif dans le cas d'un groupe linéaire — en montrant en particulier ([144], t. II, 85) que les résultats de L.E. Dickson ([241], 75-88) sur les sous-groupes distingués restent vrais — et, en 1952, dans *On the structure of unitary groups,* dans le cas ([144], t. II, 277) d'un groupe unitaire.

Le mémoire *Sur la réduction canonique des couples de matrices* reprend ([144], t. II, 86) le problème d'équivalence de deux couples de matrices étudié par Kronecker ([340], [341], [359]), mais ([144], t. II, 87) en considérant directement les applications linéaires correspondant à ces matrices, ce qui lui permet ([144], t. II, 97) de généraliser ce problème à un corps qui peut être commutatif ou non.

C'est en 1948, dans *La théorie de Galois des anneaux simples et semi-simples,* qu'il élargit ([144], t. II, 147) le cadre où s'étaient placés E. Artin, N. Jacobson et H. Cartan. M. Carmagnole écrit ([230], 138) que les résultats obtenus ont été « à l'époque mondialement appréciés et sont maintenant classiques ».

J. Braconnier souligne ([372]) la « richesse exceptionnelle » de l'œuvre scientifique de J. Dieudonné, le « foisonnement des idées » et l'« ingéniosité des techniques magistralement maîtrisées ». Il décrit les travaux qui ont permis « des progrès considérables » en algèbre :

> Parmi ces découvertes, je citerai des propriétés des extensions transcendantes d'un corps, une généralisation des corps ordonnables, une étude des extensions de groupes décomposables en sommes directes de groupes cycliques, une analyse de la notion de dimension d'un module sur un anneau quelconque, l'interprétation géométrique des résultats de Kronecker sur la réduction des couples de matrices et, surtout, l'introduction de l'usage des produits tensoriels de modules, qui prépara largement les développements que l'on sait des propriétés des foncteurs associés à de tels produits.
>
> Une des contributions les plus originales de M. J. Dieudonné à l'algèbre générale est constituée par ses travaux sur les anneaux non commutatifs, simples ou semi-simples : l'introduction du socle d'un anneau, la généralisation des théorèmes de Wedderbrun et l'utilisation de méthodes d'algèbre topologique, liées à la complétion faible d'anneaux d'endomorphismes, lui ont permis de donner à la théorie de ces anneaux une généralité et une simplicité de grandes portées.
>
> Un autre apport important est la théorie de Galois des anneaux simples et semi-simples.

De plus, à la suite des travaux de Jordan et de Dickson sur les groupes classiques, il a découvert « des résultats nouveaux d'une profondeur spectaculaire, concernant de tels groupes, tant sur les corps non commutatifs que sur les corps commutatifs de caractéristique nulle ou égale à deux ».

Voici comment est présenté le travail de Dieudonné, commencé en 1943, sur la théorie des groupes classiques (groupes linéaires généraux, groupes symplectiques et groupes orthogonaux et unitaires), dans une encyclopédie publiée par Mc Graw-Hill en 1980 ([287], 292) :

> Jusqu'en 1930, la théorie se limitait presqu'entièrement aux cas où le corps était le corps de nombres réels ou complexes ou un corps fini. En 1937, E. Witt a élaboré une théorie générale

pour les formes quadratiques sur un corps complètement arbitraire $K$. Cela a permis à Dieudonné d'étendre les résultats de C. Jordan et E. Dickson (pour les groupes sur un corps fini) aux groupes classiques sur un corps général (et même non commutatif). En particulier, pour un groupe linéaire GL $(n, K)$ sur un corps non commutatif $K$, il est encore possible de définir, pour une matrice carrée inversible $X$ à éléments dans $K$, un déterminant qui a de nombreuses propriétés des déterminants classiques, mais qui prend ses valeurs, non pas dans le groupe multiplicatif $K^*$ d'éléments $\neq 0$ de $K$, mais dans le groupe quotient $K^*/C$, où $C$ est le groupe des commutateurs de $K^*$ ; le noyau de l'homomorphisme $X \rightarrow$ dét $(X)$ est un sous-groupe normal SL $(n, K)$, qui, comme dans le cas d'un corps commutatif $K$, est simple sur son centre.

De plus, Dieudonné a découvert que, dans la théorie des groupes orthogonaux et unitaires, il y a deux cas différents, suivant que les vecteurs isotropes (à savoir les vecteurs autres que 0 pour lesquels la forme quadratique ou hermitienne s'annule) existent ou non. S'il y a de tels vecteurs, la structure du groupe obéit aux lois générales indépendantes du corps $K$, tandis que s'il n'en existe pas, la structure du groupe peut être très différente selon la nature du corps $K$.

## 2.6. GROUPES DE LIE FORMELS

J. Dieudonné a initié en 1952 ([144], t. II, 469) la théorie des groupes de Lie formels dans le cas d'un corps algébriquement clos de caractéristiques $p > 0$. D'après J. Braconnier ([372]), c'est dans cette partie des mathématiques que « J. Dieudonné a obtenu les résultats les plus profonds et les plus riches de développements »[1].

Ces études sont utiles en particulier dans la théorie moderne des variétés abéliennes sur un corps quelconque et à leurs applications à la théorie des nombres.

Les résultats de J. Dieudonné sur les *Groupes de Lie et hyperalgèbres de Lie sur un corps de caractéristique p > 0,*

1. Sur les modules de Dieudonné voir p. 77, vol. III, *Encyclopaedia of mathematics,* Dordrecht (Kluwer), 1989.

obtenus en 1954 ([144], t. II, 494), ont été généralisés et complétés, en particulier, par Yu. I. Manin ([355]) et T. Oda ([362]). P. Cartier écrit à propos du même sujet ([269]), ([271]) étudié en 1955 et 1957 ([232], 88) :

> J. Dieudonné nous a fourni une grande variété de phénomènes algébriques nouveaux avec sa théorie des groupes formels sur un corps de caractéristique non nulle. Cette théorie, convenablement adaptée, a servi de guide aux recherches de Barsotti et moi-même sur les variétés abéliennes.

Dans sa *Notice sur les travaux scientifiques,* P. Cartier a fourni plusieurs éléments intéressants sur la théorie des groupes formels de J. Dieudonné et son développement ([233], 8) :

> Dans une longue série d'articles parus entre 1954 et 1959, Dieudonné a fondé la théorie des groupes formels. Il s'agit, en revenant aux sources de la théorie de Lie, de procéder à une étude algébrique des séries de puissances qui expriment la multiplication au voisinage de l'origine dans un groupe de Lie. Dieudonné obtient, surtout pour les groupes commutatifs, une série de résultats fort nouveaux, dont on n'aperçut pas tout de suite la signification et les conséquences pour les autres domaines de l'algèbre.
>
> Mon intérêt pour la théorie eut deux origines. Tout d'abord, influencé par les résultats de H. Cartan en topologie algébrique, je pus reformuler la théorie de Dieudonné en termes de *dualité linéaire.* Je mis en évidence l'importance du coproduit dans l'« hyperalgèbre » de Dieudonné ; je pus ainsi compléter ses résultats généraux sur les points suivants : formulation intrinsèque de la notion de groupe formel (indépendant d'un système de coordonnées), équivalence de la théorie avec celle des bigèbres filtrées, élargissement du cadre pour obtenir les noyaux des homomorphismes.

A la lecture des manuscrits alors non publiés de J. Dieudonné ([233], 9), il eut « l'intuition fulgurante que ses matrices *p*-adiques étaient ce qui avait fait défaut à A. Weil pour compléter la théorie des variétés abéliennes qu'il venait d'élaborer ».

Divers mathématiciens ([233], 10) ayant « appliqué les groupes formels à l'étude du corps de classes », il aperçut, en 1966, « la possibilité d'étendre à ce nouveau cadre les théorèmes de structure de Dieudonné ». Il introduisit ensuite ([233], 11) les « modules de courbes associés aux groupes formels » et cette notion donnait « une interprétation très souple du module de Dieudonné ».

Voici comment l'encyclopédie de 1980 déjà citée présente l'apport de J. Dieudonné à la théorie des groupes de Lie formels ([287], 292) :

> Après 1952, la majeure partie des recherches de Dieudonné a été orientée vers la théorie des groupes de Lie formels, qui est une algébrisation de la théorie de Lie classique. Si on considère seulement les groupes de Lie locaux, un tel groupe de dimension $n$ peut être regardé comme étant défini par $n$ fonctions analytiques
>
> $$z_j = \varphi_j (x_1, ..., x_n, y_1, ..., y_n),$$
>
> où $1 \leq j \leq n$, qui expriment les coordonnées locales du point $z = xy$ dans le groupe, à l'aide des coordonnées locales $x_j$ $(1 \leq j \leq n)$ de $x$ et $y_j$ $(1 \leq j \leq n)$ de $y$, au voisinage de l'élément neutre du groupe. La théorie des groupes formels consiste à remplacer dans cette définition les séries de puissances convergentes $\varphi_j$ par des séries de puissances formelles ; il en résulte que les axiomes du groupes imposent aux coefficients des $\varphi_j$ des conditions algébriques qui ne dépendant pas de la convergence des séries, ce qui permet de prendre les coefficients dans un corps commutatif arbitraire $K$ au lieu du corps réel ou complexe. Dieudonné a développé la théorie dans le cas où $K$ est un corps algébriquement clos de caractéristique $p > 0$ ; pour les corps commutatifs complexes, il est possible, dans une large mesure, de réduire la théorie à l'étude de types spéciaux de modules sur un anneau non commutatif de séries formelles sur l'anneau de vecteurs de Witt sur $K$. Cette approche a été appliquée aux nombreux problèmes de la géométrie algébrique sur de tels corps $K$, et elle a été généralisée par d'autres aux groupes formels définis sur des anneaux plus généraux que $K$.

## 2.7. FONDEMENTS, LOGIQUE ET PHILOSOPHIE DES MATHÉMATIQUES

Dans son travail sur les fondements des mathématiques de

1939, J. Dieudonné défend la méthode axiomatique contre l'objection de la stérilité ([252], 225) :

> L'histoire du développement des mathématiques, au cours des trente dernières années, suffit à la réduire à néant : l'emploi de la méthode axiomatique, en montrant clairement d'où provenait chaque proposition, quelles étaient, dans chaque cas, les hypothèses essentielles et les hypothèses superflues, a révélé des analogies insoupçonnées et permis des généralisations étendues ; les développements modernes d'algèbre, de topoloqie, de théorie des groupes, n'ont d'autre origine que la généralisation de l'emploi des méthodes axiomatiques.

Il décrit dans cet article la méthode formaliste et renvoie, en note, « pour un exposé plus détaillé », à son ouvrage intitulé *Esquisse d'un développement formel de la science mathématique,* « qui paraîtra prochainement » chez Hermann. Cette note a disparu de la nouvelle publication de cet article après la guerre ([252], 553). Par contre, il y renvoie ([252], 551) aux *Éléments* de N. Bourbaki, livre I, *Théorie des ensembles,* chapitres I et II. Je ne sais pas si ce travail non publié a été intégré dans l'ouvrage de N. Bourbaki.

Dans son exposé au Congrès international de philosophie de 1949, intitulé *L'axiomatique dans les mathématiques modernes,* J. Dieudonné décrit l'apparition de la méthode axiomatique en mathématiques ([32], 47-48) :

> Aux périodes d'expansion, lorsque les notions nouvelles sont introduites, il est souvent fort difficile de délimiter exactement les conditions de leur emploi, et pour tout dire on ne peut raisonnablement le faire qu'une fois acquise une assez longue pratique de ces notions, ce qui nécessite une période de défrichement plus ou moins étendue, pendant laquelle dominent l'incertitude et la controverse. Passé l'âge héroïque des pionniers, la génération suivante peut alors codifier leur œuvre, en élaguer le superflu, en assoir les bases, en un mot mettre l'édifice en ordre : à ce moment règne de nouveau sans partage la méthode axiomatique, jusqu'au prochain bouleversement qu'apportera quelque idée nouvelle.

Il a critiqué à ce Congrès ([32], 49-50) l'idée de E. Borel

(mort en 1956) — ce qui n'a pas dû faire monter sa cote auprès des « pontifes » parisiens — à propos de l'intuition, revendiquant « une place privilégiée dans les mathématiques » pour les notions « réputées voisines de la réalité », telles que les nombres entiers ou les notions de géométrie élémentaire :

> Si je peux me permettre de puiser dans mon expérience personnelle (quand il s'agit d'intuition, il est bien difficile de faire autrement), je pourrais dire, par exemple, que j'ai été amené à m'occuper de sujets tels que la théorie des espaces de Banach, la théorie des nombres $p$-adiques, ou la géométrie $n$-dimensionnelle sur un corps de caractéristique deux, toutes notions très éloignées de la « réalité » de M. Borel ; mais je puis vous assurer qu'au bout d'un certain temps j'avais acquis une « intuition » de ces questions très suffisante pour me permettre d'y travailler avec fruit.

J. Dieudonné reprend ces idées dans son article de 1964 sur les mathématiques du XX$^e$ siècle orchestrées par l'algèbre et la topologie ([54], 20) :

> L'origine de cette évolution doit être cherchée dans le changement de point de vue qui s'est opéré au cours de la seconde moitié du XIX$^e$ siècle : à la conception platonicienne des mathématiques « idéalisation du monde sensible » s'est substituée une attitude d'indépendance complète vis-à-vis du « concret », revendiquant la possibilité de développer des notions purement abstraites, régies par des systèmes d'axiomes à peu près arbitraires, et sans correspondance nécessaire avec la réalité expérimentale.

Toutefois, pour lui, il n'y a pas du tout de contradiction entre l'abstraction et l'intuition comme il l'affirme dans sa conférence de 1975 sur ce sujet ([144], t. I, 21) :

> Les progrès de l'intuition — contrairement à ce qu'on pourrait croire — vont de pair avec les progrès de l'abstraction. Plus les choses sont abstraites, plus elles fournissent l'intuition. Pourquoi ? Parce que l'abstraction élimine tout ce qui est contingent dans une théorie.

En 1964, P. Lévy, dans ses *Remarques sur un théorème de Paul Cohen,* admet ([347], 88, 94) qu'aussi bien l'hypothèse du continu que sa négation soient indémontrables. Il revient sur cette question en 1967, à la suite de l'exposé fait par P. Cohen de ses résultats au Collège de France, pour affirmer ([348], 292) que « les axiomes de Cohen ne sont pas ceux de Gödel » et qu'il ignore ce qu'il a « démontré exactement ».

Dans sa réponse — P. Lévy lui avait demandé d'exposer son point de vue — J. Dieudonné ([72], 248) insiste « sur l'idée essentielle des démonstrations de Gödel et Cohen » qui est celle « de « traduction » de notions ou relations par d'*autres* notions ou relations ». P. Lévy ne se rallie pas ([349]) aux arguments de J. Dieudonné bien que celui-ci lui ait rendu « un peu moins obscures » les idées de Gödel et de P. Cohen.

Ces travaux de Gödel et de P. Cohen ont convaincu J. Dieudonné de donner raison — dans une *Préface* écrite en 1976 — aux mathématiciens qui furent réservés sur les raisonnements fondés sur le transfini, l'axiome du choix non dénombrable et l'hypothèse du continu ([117], 10-11) :

> La preuve par Gödel et P. Cohen de l'indécidabilité de l'axiome du choix et de l'hypothèse du continu, et les travaux métamathématiques nombreux qui ont suivi, ont sérieusement changé les opinions de beaucoup de mathématiciens à cet égard. Il y a maintenant, au delà de l'analyse classique (basée sur le système d'axiomes de Zermelo-Fraenkel, augmenté de l'axiome du choix *dénombrable*), une *infinité* de mathématiques possibles, et aucune raison bien convaincante ne s'impose pour le moment d'en choisir une de préférence à d'autres. En outre, on s'est aperçu qu'en fait les progrès les plus spectaculaires réalisés en mathématiques depuis 1950 se situent tous à l'intérieur du système d'axiomes classiques et sont totalement indépendants de l'introduction d'axiomes supplémentaires.
>
> Aussi comprend-on mieux les réticences de Dedekind, de Poincaré et de Lebesgue vis-à-vis de l'école cantorienne. Même sans disposer des théorèmes d'indécidabilité, leur instinct de grands mathématiciens les conduisait à se méfier de la trop grande liberté réclamée par cette école, et qui leur paraissait en danger de dégénérer en licence. En somme, il était sans doute nécessaire qu'à la suite de Cantor la mathématique s'engageât dans cette longue aventure de l'exploration de l'infini, pour tirer au clair ce que recelait cette notion si controversée. Mais

on peut bien dire que, pour la solution des grands problèmes mathématiques, les résultats de cette exploration ont été plutôt décevants, et que le « paradis de Cantor » où Hilbert croyait entrer n'était au fond qu'un paradis artificiel.

On peut signaler que le premier contact de Poincaré avec les théories cantoriennes a eu lieu lors de sa note du 24 avril 1882 ([302], 66) *Sur les fonctions fuchsiennes,* où il utilise la classification de Cantor des ensembles infinis pour étudier les singularités de ces fonctions.

Il a ensuite participé, sous la responsabilité de C. Hermite, avec P. Appell et E. Picard, à la mise au point de la traduction des mémoires de Cantor en français. Voici quelle impression cette traduction a produit sur ces mathématiciens ([327], t. V, 209), d'après la lettre d'Hermite du 13 avril 1883 :

> L'impression que nous produisent les mémoires de Cantor est désolante ; leur lecture nous semble à tous un véritable supplice, et en rendant hommage à son mérite, en reconnaissant qu'il a ouvert comme un nouveau champ de recherche, personne de nous n'est tenté de le suivre. Il nous est impossible, parmi les résultats qui sont susceptibles de compréhension, d'en voir un seul ayant un *intérêt actuel* : la correspondance entre les points d'une ligne et d'une surface nous laisse absolument indifférents, et nous pensons que cette remarque, tant qu'on n'en aura point déduit quelque chose, résulte de considérations tellement arbitraires, que l'auteur aurait mieux fait de la garder et d'attendre.

Mais à partir de 1905 ([302], 75) Poincaré critiquera les conceptions de Cantor sur l'infini, ce qui fera dire à Hilbert ([302], 80) en 1927 que Poincaré avait « un parti pris marqué contre la théorie cantorienne, qui l'empêchait de porter un jugement équitable sur les magnifiques conceptions de Cantor ».

Au cours d'une émission radiophonique en 1978 ([278]), parlant des paradoxes de la théorie des ensembles qui posaient des problèmes aux mathématiciens au début de ce siècle, J. Dieudonné avoue « avoir passé une année entière » dans sa jeunesse pour s'assurer que vraiment il avait « le droit de dire un certain nombre de choses » sans risquer la contradiction.

Il a vigoureusement combattu en 1980 l'idée que les mathématiques sont une partie de la logique, ce qui l'a amené à porter un jugement trop sévère[1] sur B. Russell qui est à l'origine de cette idée ([141], 16) :

> Je ne veux pas juger ici Russell comme philosophe — je laisse aux philosophes la tâche d'évaluer son importance — mais je dois dire que, comme mathématicien, il était médiocre et très insuffisant. Il n'a jamais démontré un théorème et chaque fois qu'il parlait des mathématiques il disait quelque sottise. Quand ensuite il a voulu écrire les *Principia mathematica,* un livre très volumineux, il s'est limité à prendre les idées de Frege et de Peano, qui étaient très profondes et intéressantes, et il en a fait un fatras illisible dont aucun mathématicien à ma connaissance ne s'est jamais servi. Donc la phrase de Russell « la mathématique est une partie de la logique » est une bêtise qu'il faut ajouter aux autres qu'il a dites sur les mathématiques. A mon avis, c'est aussi absurde que de dire que l'œuvre de Goethe et celle de Shakespeare sont de la grammaire, parce que le problème est celui-ci : la logique en ces temps, et encore aujourd'hui, est la langue des mathématiques ; on ne peut pas écrire un texte mathématique correct sans utiliser la logique, ainsi qu'on ne peut pas écrire correctement un texte sans utiliser la grammaire ; on démontre l'exacte similitude : la logique est langage des mathématiques, mais elle est très loin d'en être la substance.

B. Russell affirmait ([374], 5) que « toute mathématique est logique symbolique », ce qui est « une des plus grandes découvertes de notre époque ».

Mais déjà H. Lebesgue avait jugé sévèrement B. Russell, après avoir entendu sa conférence du 22 mars 1911, dans sa lettre à E. Borel du 23 mars ([345], 285) :

> La conférence de Russell n'a eu que peu de succès ; ce qu'il a dit était fort obscur et peu nouveau.

Dans cette même conférence, *Logica e matematica nel 1980,* J. Dieudonné répond aux logiciens qui ennuient les mathémati-

---

1. J. Largeault considère ([343 a] que la philosophie mathématique de Russel est « un fatras », où l'auteur a consacré « tant de subtilité à discuter sur des sujets insignifiants ».

ciens avec le formalisme excessif par une histoire due à André Weil ([141], 19) :

> Les premiers colons américains entouraient leurs maisons avec des palissades pour s'y réfugier lors des incursions des Indiens. Pendant le jour, ils sortaient, cultivaient leurs champs et s'occupaient de leurs bêtes, mais près de la palissade se trouvait toujours une sentinelle qui sonnait le clairon dès que les Indiens apparaissaient dans le lointain. Immédiatement, tous les Américains se réfugiaient derrière la palissade et attendaient que les Indiens se fussent éloignés pour reprendre leurs occupations. Il est évident que pour nous les Indiens représentent les philosophes et les logiciens qui nous embêtent avec les antinomies. Quand commenceront leurs incursions, on se retranchera derrière la palissade, c'est-à-dire derrière le système formel, et on dira alors : « voici le système formel, examiner si tout cela est parfaitement correct, ne cherchez pas à nous ennuyer ». Et effectivement, ils ne dépasseront pas la palissade.
>
> En pratique, les mathématiciens ne se précoccupent pas du tout du système Zermelo-Fraenkel. Aujourd'hui les mathématiciens, quand ils écrivent un ouvrage mathématique, quel qu'il soit, ils utilisent purement et simplement le langage ancien et simple des ensembles de Cantor. Si je prends au hasard un livre quelconque de mathématiques ou un article d'une revue mathématique, nous n'y lirons jamais une profession de foi du type : « je suivrai dans cet ouvrage le système de Zermelo-Fraenkel » ; on ne trouve jamais une phrase de ce genre, elle est supposée implicitement.

Dans sa conférence de 1976, *Mathématiques vides et mathématiques significatives,* il consacre un paragraphe à *Ce que devrait être aujourd'hui la philosophie des mathématiques* ([116], 33), et il constate que la plupart des propos tenus « par des philosophes sur les mathématiques prouvent à l'évidence qu'ils n'ont pas la moindre idée de ce que nous faisons ».

Ainsi, il trouve ([139], 7) « fort étrange » le succès du livre *Proof and refutations* de I. Lakatos dans les milieux scientifiques qui s'occupent de philosophie des sciences :

> Lakatos n'avait qu'une connaissance sommaire des mathématiques du XIXe siècle, et ne semble jamais avoir connu celles

qui ont été découvertes ultérieurement. Même dans les branches traditionnelles, la plus grande partie, comme la théorie des nombres, l'algèbre, la géométrie différentielle et une partie importante de l'analyse, n'ont *jamais* connu les hésitations et tâtonnements que Lakatos voudrait faire passer pour la norme du développement des mathématiques.

De même J. Dieudonné juge sévèrement L. Couturat dans une lettre qu'il m'avait adressée le 5 avril 1984, à propos ([370], t. VII, 124-125) de la confusion qu'il faisait entre la géométrie projective et la géométrie lobatchevskienne :

> Moralité : les philosophes feraient mieux de connaîtres les mathématiques avant de prétendre en parler !

Que doit-on faire pour mettre fin à ce divorce entre les mathématiciens et les philosophes ([116], 34) :

> Il n'est pas niable que la complexité et l'étendue des disciplines mathématiques actuelles nécessitent un gros effort d'information pour en saisir l'agencement et l'évolution ; mais l'exemple de Lautman montre que cet effort n'est pas surhumain et ne demande que de la résolution et un esprit clair. L'avenir d'une collaboration féconde entre mathématiciens et philosophes en matière d'épistémologie me paraît être à ce prix.

En effet ([119], 15-16), les philosophes des mathématiques doivent chercher « à se faire une idée des grandes tendances des mathématiques de leur temps », et le modèle pour lui reste Albert Lautman :

> Il avait fait l'effort de s'initier aux techniques mathématiques de base, ce qui lui permettait de s'informer des recherches les plus récentes sans risquer d'être noyé sous un flot de notions difficielement assimilables par un profane. Aussi, au contact de ses camarades et amis Jacques Herbrand et Claude Chevalley (deux des esprits les plus originaux du siècle), il avait acquis sur les mathématiques des années 1920-1930 des vues bien plus étendues et précises que n'en avaient la plupart des mathématiciens de sa génération, souvent étroitement spécialisés ; je puis en témoigner en ce qui me concerne personnellement.

## 2.8. « LE MATHÉMATICIEN SE SENT PLUS PRÈS DE L'ARTISTE ET DU POÈTE QUE DE L'HOMME DE SCIENCE »

Dans sa conférence de 1950 à l'Association Guillaume Budé de Nancy sur *L'évolution de la pensée mathématique dans la Grèce ancienne,* Jean Dieudonné livre déjà le fond de sa pensée sur la noblesse des mathématiques ([144], t. I, 52) :

> La mathématique grecque est — au moins autant que la philosophie antique — un des plus beaux témoignages de ce que peut l'homme dans son aspiration désintéressée vers la connaissance, dans sa recherche toujours inassouvie de l'absolu : et ceux qui refusent à comprendre la noblesse et la beauté de cet effort spécifiquement humain ne sauraient, à mon sens, mériter pleinement le nom auquel nous attachons tous ici une si haute valeur, le beau nom d'humaniste.

Vers 1969, probablement, il fait une conférence dans laquelle il souligne la différence qui existe entre un mathématicien et un autre scientifique, différence qui est caractérisée par le fait que ce sont les « considérations esthétiques » qui dominent chez le premier ([82], 17) :

> On peut donc dire que le mathématicien se sent beaucoup plus près de l'artiste ou du poète que de l'homme de science (si l'on met à part les règles très strictes qu'il doit observer dans son travail). C'est en artiste qu'il a tendance à apprécier ses propres œuvres et celles de ses confrères, et, comme chez les artistes, il ne manque pas d'écoles rivales parmi les mathématiciens d'aujourd'hui. De l'artiste, et peut-être à un plus haut degré encore, il partage un certain détachement vis-à-vis du monde extérieur. Sans doute, pas plus que les autres hommes, il n'est pas à l'abri de la maladie ou du malheur ; mais il lui est si facile de chercher quelque répit dans l'univers merveilleux et inépuisable des objets mathématiques qui lui est constamment ouvert ; et quand on lui parle de quelque chose que l'on appelle l'ennui, il ne peut se défendre d'un certain étonnement. Sans doute aussi il lui arrive, comme à chacun, d'être le jouet de ses passions ; mais que sont les honneurs et mêmes les richesses auprès de la satisfaction d'avoir surmonté les difficultés d'un

problème, et soulevé un petit coin du voile qui nous cache encore les vérités inconnues ? Cela seul le paie largement de ses peines, et il est le premier surpris s'il apprend que par hasard ses découvertes jettent une nouvelle lumière sur quelque théorie physique à laquelle il n'avait probablement jamais songé.

Poincaré disait déjà ([319], 167) :

> Ce sont les poètes qui trouvent.

Dans son *Orientation générale des mathématiques pures en 1973*, J. Dieudonné tire des conséquences de cette conception ([98], 76) :

> Puisqu'il s'agit d'esthétique, nous dirons qu'il y a des *mathématiques nobles* et des *mathématiques serviles*. Comment classer ? Il n'y a pas de vote. Les mathématiques, c'est une question d'aristocratie. Les bonnes mathématiques sont faites par très peu de gens (150 au 20e siècle au plus). Il y a une poignée de « leaders ». Les bonnes orientations sont celles données par ces gens-là ; exemples : Riemann, Elie Cartan, Siegel ; au total 7 à 8 au 18e siècle ; 30 au 19e ; 1 par an au 20e siècle. Une théorie noble est une théorie considérée comme bonne par ces mathématiciens : l'opinion des autres est sans importance.

S. Mac Lane a critiqué ([350]) cette *Orientation* dans un style aussi péremptoire. R. Godement, qui lui demande dans sa lettre du 19 décembre 1973 un tiré à part de cette conférence, ajoute :

> Eh bien — tout le monde porte aux nues tes points de vue éminemment libéraux et même démocratiques.

J. Dieudonné lui répond le 6 janvier 1974 :

> Il me paraît évident que « mes points de vue démocratiques » sont mis là par antiphrase, vu que tu sais pertinemment depuis longtemps que je suis un champion sans vergogne de ce que tu appelles la « méritocratie », si l'on entend par là le principe que veut qu'on mette dans une position quelconque l'homme le plus qualifié pour l'occuper en raison de ses *mérites,* précisément, et sans considération de race, religion, origine, situation de fortune ou opinion politique. Jusqu'il y a une vingtaine d'années, il était même admis que ce principe était l'une des grandes

« conquêtes » *démocratiques* du XIXᵉ siècle, et nous trouvions tous excellent de voir également honorés et admirés les enfants de familles pauvres qu'étaient Gauss, Riemann et E. Cartan à côté de Kronecker, riche financier, et de H. Poincaré, cousin du Président de la République, ou le Juif Jacobi et le radical-socialiste Painlevé à côté du légitimiste et bigot Cauchy.

Il s'est également posé en défenseur des mathématiques motivées dans sa correspondance avec M. Krasner (nous n'avons pas retrouvé dans ses papiers les lettres de celui-ci). Dans sa lettre du 23 août 1972, J. Dieudonné expose ses idées sur l'appréciation d'un travail mathématique, à propos d'un vote du Comité consultatif des universités concernant la liste d'aptitude au poste de professeur :

> Il y a essentiellement là-dessus deux conceptions opposées. L'une qui est la vôtre, et sans doute celle d'Ehresmann, des Dubreil et de nombreux Américains, est qu'un travail, où l'auteur montre qu'il sait vaincre de sérieuses difficultés techniques, est un bon travail mathématique. L'autre est celle de Hilbert et de Bourbaki, mais aussi de beaucoup de mathématiciens qui n'ont rien à voir avec Bourbaki, tels E. Artin, H. Weyl, C.L. Siegel, Harish-Chandra, Iwasawa, pour ne citer que quelques noms très connus. Dans cette seconde conception, pour qu'un travail soit apprécié, il faut non seulement qu'il témoigne d'imagination et de compétence technique, mais *en outre* que le sujet traité ait un rapport direct avec des problèmes *déjà posés* dans de *bons* ouvrages mathématiques antérieurs ; c'est ce qu'on appelle généralement une *motivation*. C'est un fait qu'une majorité de mathématiciens français adoptent le second point de vue ; vous pouvez considérer qu'ils ont tort, mais vous n'y changerez rien ; de leur point de vue, ils ont parfaitement raison de défendre les mathématiques *motivées* contre l'invasion des mathématiques *non motivées,* et si j'avais été membre du Comité consultatif, j'aurais certainement voté dans le même sens.
>
> Bien entendu, comme tout le monde, vous avez le *droit* le plus strict de tenir à vos opinions et considérer la nôtre comme non valable, à vos risques et périls en ce qui vous concerne. Si vous avez acquis une réputation internationale méritée, c'est en raison de vos mémoires de théorie des nombres et d'analyse

*p*-adique ; si vous vous étiez borné à publier sur les corpoïdes et la théorie de Galois abstraite, je suis bien certain qu'aux yeux de l'opinion mathématique internationale vous seriez resté un obscur chercheur de troisième ordre.

Dans sa réponse, M. Krasner a dû utiliser les arguments historiques pour défendre sa conception des mathématiques, comme je l'ai entendu moi-même, en février 1979, lors d'une discussion avec J. Dieudonné, mais celui-ci lui répond le 16 mars 1973 (j'ai traduit le texte de Kronecker qui figure en allemand dans la lettre) :

> Votre comparaison avec Galois me paraît particulièrement absurde, car s'il y a des travaux motivés (à notre sens), ce sont ceux-là ; d'ailleurs, à l'époque, les axiomatiseurs en délire, heureusement, n'existaient pas ! Quand vous écrivez qu'au début de notre carrière mathématique il était « communément admis qu'on devait chercher le maximum de généralité », cela me paraît tout à fait faux ; l'enseignement de Hilbert, ou d'Artin, ou de E. Noether, était de chercher sous les faits particuliers connus la raison profonde qui les produisait, mais certainement pas d'aller *au-delà,* en fabriquant des théories axiomatiques *sans support* dans les problèmes antérieurs. Votre allusion aux travaux sur les anneaux artiniens ou les corps ordonnés est particulièrement malheureuse : toutes les algèbres de rang fini sur un corps sont artiniennes, et les recherches d'Artin sur les corps ordonnés avaient pour but de démontrer une conjecture de Hilbert sur les polynômes à valeurs positives. Quant au problème des fondements des mathématiques, il avait plus de 50 ans d'existence quand Hilbert s'en est occupé, et il ne viendrait à l'idée de personne de prétendre que ce n'était pas un problème motivé. Par contre, je pense que les 9/10e de la théorie des cardinaux et ordinaux n'a *aucun intérêt*, vu qu'elle a 80 ans d'âge et n'a jamais produit un seul résultat utile en dehors d'elle-même ; Bourbaki n'a inséré dans le texte du Livre I que les résultats (fort peu nombreux) dont il connaissait l'utilité ; le reste est allé en exercices.
>
> En ce qui concerne vos travaux, je n'ai certainement pas voulu faire une analyse exhaustive de votre œuvre ; je reconnais l'intérêt de votre travail en commun avec Kaloujnine, puisque c'est là, si je ne me trompe, qu'est introduit le *wreath product*

dont les spécialistes de théorie des groupes font grand usage.
D'ailleurs, comme ce travail avait été exposé dans une séance
(ancienne) du Séminaire Bourbaki, vous ne pouvez prétendre
qu'il ne nous intéressait pas !

Pour terminer, je vous engage à méditer sur ce texte de Kronecker que j'ai découvert dans ses Œuvres et qui date de 1861
(apparemment, les axiomatiseurs commençaient à sévir déjà à
cette époque !) :

« Dans cette mesure, l'algèbre n'est pas réellement une discipline en elle-même, mais le fondement et l'outil de l'ensemble des mathématiques, et son actuel développement spectaculaire a été provoqué et favorisé par les besoins des autres
disciplines mathématiques. »

J'ai souvent entendu Chevalley exprimer des vues analogues
et je pensais qu'il était le premier à l'avoir fait aussi nettement ;
mais vous voyez que les « ultraconservateurs » ne datent pas
d'hier, et, ma foi, les résultas qu'ils ont obtenus ne sont pas si
négligeables !

M. Krasner a dû envoyer cette correspondance à J. Leray qui
lui écrit le 14 mai 1973 que s'il croit devoir se limiter « à l'étude
des sujets les mieux motivés » à ses yeux, il ne rejette pas ceux
dont la motivation ne l'a pas « convaincu » ou ne l'a pas
« conquis ».

Voici comment J. Dieudonné présente dans son article *Present trends in pure mathematics,* publié en 1978, la naissance
d'un « courant principal » en mathématiques ([128], 235) :

Si la plupart des problèmes et théories mathématiques peuvent être comparés à des atomes isolés, les tendances peuvent
apparaître seulement lorsque les atomes sont liés d'une certaine
façon. Une comparaison avec la manière des astrophysiciens
décrivant l'évolution des étoiles peut être utile : ils nous affir-
ment qu'au commencement des morceaux de matière diffuse
ont été concentrés sous l'influence de la gravitation jusqu'à ce
que leur densité soit assez grande pour mettre le feu au combustible nucléaire ; l'étoile est alors née, et elle entre dans la
« chaîne principale » où elle reste pour une période variable de
temps dans un état pratiquement invariable, jusqu'à ce que son
combustible nucléaire normal soit épuisé, et elle doit alors quit-
ter la « chaîne principale » pour différents destins. En mathé-

matiques, nous pouvons comparer la naissance d'une étoile à la combinaison de plusieurs problèmes en une méthode générale, ou à leur organisation en une théorie axiomatique ; la méthode (ou la théorie) appartient alors à ce que nous pouvons appeler le « courant principal » de mathématiques, qui peut être caractérisé par de nombreux rapports avec ses composantes et de nombreuses influences qu'elles exercent les unes sur les autres. Une théorie reste dans le « courant principal » tant qu'elle produit encore de grands problèmes, et ensuite elle a tendance à perdre contact avec le reste des mathématiques, soit en se livrant à des questions trop spécialisées, soit en se détournant vers des études axiomatiques non motivées.

Ainsi, au XXᵉ siècle, la topologie générale et l'analyse fonctionnelle sont des exemples de théories qui ont été entraînées « hors du courant principal ».

Combien était grand en 1984 l'écho dans la communauté mathématique internationale de l'activité protéiforme de J. Dieudonné, le petit « poème » de R.K. Guy, *Kronecker revised* ([323]), en donne une idée sous une forme gentiment humoristique. C'est une nouvelle version du fameux propos de L. Kronecker ([311], 182) :

> Le bon Dieu a fait les nombres entiers, tout le reste est l'œuvre de l'homme.

On peut traduire ainsi *Kronecker révisé* :

> Les entiers sont par l'homme donnés,
> Le reste est Dieudonné.

## 2.9. MATHÉMATIQUES PURES

J. Dieudonné a développé ses idées sur les mathématiques pures dans un article ([196]) portant ce titre qui était accompagné d'une lettre du 27 août 1990, adressée à un collègue dont j'ignore le nom :

> L'article que je vous envoie ne correspond certainement pas à celui que vous attendiez, et je ne pense pas que vous puissiez le publier. Il est le résultat d'une *exaspération* croissante vis-à-

vis de la façon dont les mathématiques pures sont présentées au public non spécialisé. Encore tout récemment, dans un article de *Scientific American* sur le théorème de Ramsey, l'auteur considère que les mathématiques pures comprennent *uniquement* la logique et la combinatoire, et que Paul Erdös est le plus grand mathématicien du xxe siècle ! J'ai simplement voulu mettre noir sur blanc ce que je considère être la vérité, même si personne ne l'admet en dehors des mathématiciens purs ; je suis sûr d'ailleurs que la plupart de ces derniers pensent comme moi, mais ils n'osent pas le dire de peur qu'on supprime leurs crédits !

Quand vous aurez mis mon article au panier, je suis certains que vous n'aurez pas de mal à trouver un auteur qui décrira les mathématiques pures suivant les « idées reçues » : ordinateurs, théorème de quatre couleurs, théorème de Gödel, etc., etc. J'espère donc que vous m'excuserez de vous avoir fait défaut.

Son ambition dans cet article est de donner une idée exacte d'une « communauté totalement inconnue du public, forte de 20 000 à 30 000 individus », celle des mathématiciens purs, dont la production est « aussi considérable que confidentielle, de 20 000 à 30 000 notes, articles et livres par an », caractérisée par « une haute technicité ». Toutefois, ne pouvant décrire, dans l'espace limité d'un article, l'évolution du langage mathématique, il renvoie au livre de S. Mac Lane *Mathematics : form and function* ([351]). Il mentionne les résultats saillants « qui font le mieux ressortir l'esprit et l'envergure des mathématiques d'aujourd'hui », et où figurent les noms de A. Baker, R. Bott, H. Cartan, C. Chevalley, P. Deligne, S. Donaldson, S. Eilenberg, G. Faltings, W. Fest, M. Freedman, A. Grothendieck, H. Hironaka, Kervaire, S. Mac Lane, J. Milnor, M. Morse, K. Roth, J.-P. Serre, S. Smale, C.L. Siegel, R. Thom, J. Thompson, W. Thurston, A. Weil, H. Whitney et O. Zariski.

Voici la conclusion de cet article, qui est accompagné d'un lexique :

Chacun des exemples que j'ai donné ci-dessus appartient à une vaste théorie dont les techniques et les résultats remplissent plusieurs volumes pour chaque théorie. Mais il y a au moins deux fois plus de parties des mathématiques dont je n'ai pas parlé du tout, et dont l'ampleur est tout à fait comparable ou plus vaste encore. Tout progrès décisif dans une de ces théories suscite l'admiration des mathématiciens purs, même s'ils savent que cela n'intéresse personne d'autre.

Dans son compte rendu ([284]) de l'article de P.R. Halmos qui a eu beaucoup de retentissement, *Has progress in mathematics slowed down ?* ([325]), il considère qu'il s'agit d'un rapport incomplet sur les progrès en mathématiques pures durant ces 50 dernières années, et il cite huit domaines et plusieurs mathématiciens importants dont les noms n'y sont pas mentionnés. Toutefois, il est d'accord avec l'auteur sur son scepticisme à propos des fractals et de la « marotte actuelle » concernant l'analyse non standard qui « a encore à prouver sa valeur de façon décisive ».

A la fin de son article, P.R. Halmos signale cinq théorèmes « dont chacun a été salué comme une percée » lorsqu'il a été démontré : la solution du cinquième problème de Hilbert sur les groupes de Lie, la démonstration par L. Carleson que la série de Fourier d'une fonction appartenant à $L^2$ est convergente presque partout, la découverte par E. Enflo d'un espace de Banach séparable qui n'a pas de base de Schauder, le théorème de quatre couleurs et la démonstration par de Branges de la conjecture de Bieberbach. Comme Halmos affirme que le théorème de quatre couleurs « termine le sujet et ne mène actuellement nulle part », J. Dieudonné ajoute qu'il craint qu'il en soit de même pour « les quatre autres résultats ».

On peut noter que P.R. Halmos reconnaissait en 1987 ([324], 377) :

> Il est difficile de trouver une partie des mathématiques sur laquelle Dieudonné n'a pas écrit.

Dans son article *L'abstraction et l'intuition mathématique* ([107]), après avoir souligné « le rôle fondamental que joue l'imagination dans la création mathématique », il précise sa pensée sur l'intuition dans ses conclusions :

> La première conclusion que j'en tirerai, c'est qu'il n'y a certainement pas une intuition en mathématiques, il y en a toute

une série de fort diverses avec des liens inattendus. La deuxième, c'est que les intuitions mathématiques ne sont pas du tout stables ; elles se modifient sans cesse par de nouveaux apports, de nouveaux résultats, de nouvelles idées. Presque tous les ans il y a un jeune mathématicien de génie qui sort une nouvelle manière de transférer une intuition d'un domaine dans un domaine complètement différent.

La tentative de démonstration du théorème de Fermat par A. Wiles en 1993, non encore publiée en 1994 — en prouvant la conjecture de Y. Taniyama, A. Wiles en déduit le théorème de Fermat — me semble être une confirmation éclatante de la conception des mathématiques de J. Dieudonné. En effet, K.A. Ribet écrit à ce sujet ([373], 576) :

> La démonstration par Wiles de la conjecture de Taniyama représente un événement énorme pour les mathématiques modernes. D'une part, il illustre dramatiquement la puissance de la « machinerie » abstraite que nous avons accumulée pour traiter les problèmes diophantiens concrets. D'autre part, il nous rapproche du but d'une manière significative pour relier ensemble les représentations automorphes et les variétés algébriques.

## 2.10. ENSEIGNEMENT DES MATHÉMATIQUES

En 1952 est créée la Commission internationale pour l'étude et l'amélioration de l'enseignement des mathématiques dont font partie ([308], 32) G. Choquet, J. Dieudonné et A. Lichnerowicz.

Dans son exposé de 1960 *The introduction of angles in geometry,* il met en avant ([42]) l'idée de la nécessité d'abandonner dans l'enseignement de la géométrie « la méthode d'Euclide-Hilbert encombrante et désuète » et son « insistance » sur les polygones et les triangles.

Lors de son voyage au Chili en 1961, chargé de mission de l'Unesco, il précise dans *Les mathématiques dans l'enseignement secondaire* ([44], 13) :

Nous partirons du postulat (assez généralement accepté, depuis la Renaissance, dans le monde occidental) que l'enseignement des sciences, dans les écoles secondaires et dans l'université, se propose pour but :

1° de donner une formation théorique préalable facilitant l'apprentissage ultérieur des techniques modernes ;

2° en ce qui concerne l'enseignement supérieur, de favoriser, chez une élite d'étudiants doués, les aptitudes à la recherche scientifique et les mettre ainsi à même de pouvoir peut-être un jour contribuer aux progrès de la civilisation.

Mais la réalisation de ce but se heurte à deux difficultés : la tendance encyclopédique de l'enseignement et la force de la tradition et de la routine. Pour éviter ces écueils, le remède est ([44], 14) de préparer les élèves à assimiler la démarche fondamentale de la science moderne, à savoir la « pensée abstraite » qui a permis de réaliser « une énorme économie de pensée » et a conduit au brassage « d'idées souvent venues de parties très diverses » des mathématiques. C'est pourquoi il est essentiel que les théories modernes soient déjà abordées à l'université, mais, au niveau de l'enseignement secondaire, il serait « nuisible de vouloir d'emblée atteindre un niveau d'abstraction sans rapport avec le développement mental des élèves ».

A partir de 14 ans, on peut aborder, en algèbre et en géométrie, « les raisonnements axiomatiques », en abandonnant « la vieille axiomatique euclidienne », aussi peu rigoureuse que techniquement très complexe. Dans ce but, il existe une « voie royale », c'est l'algèbre linéaire.

Ce programme sera réalisé dans son livre *Algèbre linéaire et géométrie élémentaire* paru en 1964. Son *Introduction* a l'allure d'un manifeste et l'auteur affirme ([55], 7) qu'il s'agit du « bagage minimum du bachelier ès-sciences au moment où il entre dans les classes du 1er cycle de l'enseignement supérieur ». Le but de l'ouvrage ([55], 12) est de donner les moyens de réaliser les objectifs suivants : « continuité de l'enseignement, apprentissage précoce des méthodes modernes, unification des disciplines envisagées ». Au passage ([55], 17), il condamne les tentatives pour redonner vie à « l'échafaudage d'Euclide-Hilbert », en particulier celui qui venait d'élaborer G. Choquet qui publie, cette même année et chez le même éditeur, son livre *L'enseignement de la géométrie,* dans lequel il défend ([237], 7) l'idée « d'un exposé de la géométrie qui parte, comme chez Euclide, de notions tirées du monse sensible ». Pourtant, en juin 1965, G. Choquet et J. Dieudonné ont « lu et approuvé » tous les deux la convention de Ravenne ([308], 64) « pour une défense effective et raisonnable de l'enseignement de la géométrie ».

H. Freudenthal, également intéressé par les questions de cet enseignement, n'a pas été convaincu ([316], 747) par la démarche de J. Dieudonné.

Dans une interview au journal *Nice-Matin* du 9 février 1966 ([381]), J. Dieudonné défend son point de vue :

> Lorsque la science se développe, on s'aperçoit souvent que le point de vue d'où on était parti n'est pas le bon, et qu'on peut exposer les mêmes résultats avec un système d'axiomes logiquement *équivalents,* c'est-à-dire que chaque axiome du nouveau système peut se déduire des anciens et vice versa. Donc on ne change aucun résultat quand on remplace un système par un autre logiquement équivalent. Mais on s'aperçoit souvent qu'en prenant des axiomes équivalents mieux choisis on arrive à des démonstrations beaucoup plus simples. C'est cela essentiellement que nous faisons. C'est en cela que nous nous distinguons, si vous voulez, de la géométrie d'Euclide. Nous avons la même géométrie avec un système d'axiomes différents mais équivalents, et plus faciles à manier.

Il a repris cette idée dans sa préface à la traduction russe de son livre publiée en 1972, où il insiste sur le fait que l'algèbre linéaire et la géométrie élémentaire classique « sont des *traductions* l'une de l'autre ». I.M. Yaglom, traducteur de son livre, souligne dans son avant-propos que la difficulté du livre réside dans la conviction de l'auteur « selon laquelle il faut rehausser les professeurs au niveau de la science contemporaine et non pas abaisser les conceptions jusqu'au niveau compréhensible aux professeurs ».

J. Dieudonné a fait un exposé sur l'enseignement des mathématiques en juin 1965 à Echternach au Luxembourg dans lequel il affirme ([67], 328) que les démonstrations de la géométrie élémentaire sont en fait considérées par de nombreux mathématiciens « comme un exercice intellectuel » qui s'apparente aux problèmes de « mots croisés ».

En 1966, il fait une conférence sur l'enseignement de la géométrie à l'Institut Henri Poincaré à Paris qui a suscité de nombreuses réactions montrant, d'après A. Warusfel ([388]), « combien ce problème pouvait passionner et diviser un grand nombre de ceux auxquels il se pose quotidiennement ».

R. Thom dans son article de 1970, *Les mathématiques « modernes » : une erreur pédagogique et philosophique ?*, conteste ([382], 226-227) l'avantage de l'algèbre sur la géométrie « dès qu'on traite des situations plus compliquées » et il prend ([382], 231) « un certain recul vis-à-vis de l'axiomatique ». Cet article a été traduit en anglais en 1971 et publié dans *American Scientist*. J. Dieudonné a répondu à R. Thom — à la demande de la rédaction de cette revue ([99], 16) — en concluant fort pacifiquement ([99], 19) :

> J'espère toujours que l'agitation actuelle débouchera sur quelque compromis raisonnable.

La *Préface* à son remarquable *Calcul infinitésimal,* paru en 1968, est également une profession de foi mathématique ([76], 7) :

> Il ne faut pas se lasser de répéter qu'il n'y a pas de « mathématiques modernes » s'opposant aux « mathématiques classiques », mais simplement une mathématique d'aujourd'hui qui continue celle d'hier sans rupture profonde, et s'attache avant tout à résoudre les grands problèmes que nous ont légués nos prédécesseurs. Si, pour ce faire, elle a été amenée à développer de nouvelles notions abstraites en assez grand nombre, c'est que ces notions ont souvent permis, en concentrant pour ainsi dire la lumière sur le cœur des problèmes et en éliminant les détails oiseux, de progresser à pas de géants dans des domaines encore considérés comme inaccessibles il n'y a pas 50 ans ; les mathématiciens qui font de l'abstraction pour l'amour de l'abstraction sont le plus souvent des médiocres.

L'ouvrage est consacré à l'analyse enseignée dans la seconde année du premier cycle de l'université, et l'auteur résume le point de vue auquel il se place ([76], 9) en précisant que le calcul infinitésimal « est l'apprentissage du paniement des *inégalités* » et qu'on peut résumer « en trois mots : Majorer, Minorer, Approcher ».

Le parti pris de l'auteur se manifeste dans son refus de parler des intégrales multiples et des formes différentielles, et il s'élève contre la « stokomanie » de certains de ses collègues, qui fait partie des raffinements au niveau du premier cycle et qui ([76], 10) « ne peuvent être que stériles ». Il s'oppose ainsi, en particulier, à l'excellent *Cours de mathématiques du premier cycle* de J. Dixmier, dont la seconde année ([288], V) « tourne en réalité » autour de la formule de Stokes.

J. Dieudonné nous éclaire sur l'origine de son livre dans une conférence du 4 juillet 1968 prononcée à l'Institut mathématique de l'Université Catholique de Louvain ([81], 2) :

> De retour en France, il y a quatre ans, après des périples variés à l'étranger, j'ai pris en charge le cours intitulé *Les techniques mathématiques de la physique*. Ce cours était destiné à fournir aux futurs physiciens des outils mathématiques efficaces ainsi que des bases solides raisonnablement abstraites. En faisant cet enseignement, j'ai pu me rendre compte de la peine à calculer éprouvée par mes étudiants. J'ai été amené ainsi à réfléchir au rôle du calcul en mathématiques et à la place qu'il convient de lui réserver. Après plusieurs années d'expériences, j'ai fini par publier mon cours sous le titre *Calcul infinitésimal*.

Dans sa conférence, *L'enseignement des mathématiques dans les classes supérieures de l'école secondaire, et ses rapports avec l'enseignement des mathématiques à l'université,* il affirme ([125]) « qu'un des objectifs essentiels » de cet enseignement « doit être de rendre aussi facile que possible » l'accès à l'université :

> Évidemment, cela ne s'applique qu'aux élèves qui se destinent à entrer à l'université ou dans les écoles d'ingénieurs ; pour les autres, il est clair que le problème est tout différet, et on peut même se demander s'il est nécessaire de continuer à leur enseigner quelque mathématique que ce soit : c'est là une question qui mérite certes d'être débattue.

On est bien loin de l'« impérialisme » mathématique !

De plus, le professeur de mathématiques doit « s'attacher à ce que les résultats et méthodes dont il traite soient toujours proches de la réalité sensible et susceptibles d'applications aussi immédiates que possible ».

Il reprend et développe ces arguments dans sa lettre à G. Glaeser du 23 février 1980, où il divise la population scolaire en trois groupes :

> 1° les futurs créateurs en mathématiques pures et appliquées ; 2° les futurs utilisateurs, ingénieurs et techniciens de toute sorte ; 3° le reste de la population.

Les premiers représentent un millième et les deuxièmes un dixième de cette population :

> Pour le reste de la population, vous savez aussi bien que moi qu'ils n'utiliseront jamais autre chose que l'arithmétique élémentaire, et pour eux les mathématiques après 15 ans ne peuvent donc être qu'une matière de culture désintéressée. Mais à ce moment-là on vous dira qu'il n'y a aucune raison de les privilégier et que l'histoire de l'art, par exemple, est une matière de culture au moins aussi valable. Personnellement, je serais très en faveur de supprimer purement et simplement toute mathématique pour ces élèves et de la remplacer par un enseignement plus sérieux de la biologie, qui a une valeur culturelle et sociale bien plus grande : il vaut mieux comprendre la biochimie que savoir qu'il y a une infinité de nombres premiers.

En 1969, J. Dieudonné avoue ([144], t. I, 3-4), ce qu'il confirmera en 1992 ([376], 342) :

> Je n'ai jamais eu la moindre vocation pour l'enseignement. Si je suis entré dans l'enseignement supérieur, c'est parce que c'était le seul moyen de gagner ma vie tout en conservant assez de temps disponible pour poursuivre mes recherches mathématiques. Bien entendu, j'ai toujours essayé de faire mon métier de professeur aussi consciencieusement que possible, et j'y ai consacré de longues heures de préparation, mais je n'y ai jamais apporté d'enthousiasme ; et même après 40 ans de métier je me sens toujours plus à l'aise devant une feuille de papier que devant un auditoire. Je m'embrouille très facilement au tableau et j'ai sans cesse besoin de notes pour éviter les catastrophes.

Mais tous ceux qui ont assisté à ses exposés se souviennent du plaisir et du profit qu'ils ont eus à les écouter.

## 2.11. *ÉLÉMENTS D'ANALYSE*

Avant d'aborder cet imposant traité, il est indispensable de dire un mot de son livre *Sur les groupes classiques* ([260]), publié en 1948 et dédié à Elie Cartan. J. Dieudonné y étudie les groupes symplectiques, les groupes orthogonaux et les groupes unitaires, poursuivant le travail commencé par C. Jordan, continué par L.E. Dickson, et en utilisant, en particulier, la notion d'indice d'une forme quadratique due à E. Witt. Dans son compte rendu très détaillé, H. Weyl juge ([391], 494) que l'auteur fait une « étude systématique » de la théorie des groupes classiques, en « simplifiant et unifiant » les méthodes de ses prédécesseurs et en « ajoutant de nouvelles idées de méthodes ».

Lors de la publication du livre de A.J. Hahn et O.T. O'Meara, *The classical groups and K-theory,* J. Dieudonné a exprimé dans sa *Préface* ([191]) sa grande satisfaction de « porter témoignage sur la croissance et le développement d'une théorie à laquelle il a pris part à ses débuts ».

Pendant l'année universitaire 1956-1957, il fait un cours à la *Northwestern University* aux États-Unis sur les fondements de l'analyse. Il en résultera un livre, publié en 1960, *Foundations of modern analysis,* qui sera traduit en français en 1963 et qui formera ensuite le premier tome de ses *Éléments d'analyse.*

Son *Introduction* à l'édition française commence ([41], VII) par une profession de foi :

> L'analyse moderne est axiomatique et abstraite ; c'est un fait auquel on ne peut rien changer, même si on le déplore.

La *Préface* à l'édition anglaise est encore plus explicite ([41], V), car l'auteur y affirme que le but de son cours est de « fournir la base élémentaire nécessaire pour toutes les branches des mathématiques modernes concernant l'analyse » et d'« exercer l'étudiant à utiliser l'outil mathématique le plus essentiel de notre temps, la méthode axiomatique ».

G. F. Šilov n'était pas du tout d'accord avec cette conception des mathématiques et il écrivait dans son compte rendu de ce livre — dont j'ai trouvé une traduction en français dans les papiers laissés par J. Dieudonné — en se faisant aussi porte-parole des mathématiciens russes :

> Nous rendons justice à la méthode axiomatique, mais d'autre part nous considérons que la formulation d'axiomes corrects signifie plutôt la fin en ce domaine des mathématiques que son début. Le développement des mathématiques et la formulation de nouveaux domaines se définissent plus souvent ces derniers temps par la pénétration des mathématiques dans le domaine des sciences voisines que par des formulations réussies d'axiomes.

Par contre, J.L. Kelley souligne ([335]) à propos de ce livre « la formulation géométrique conséquente des résultats », sa « magnifique » organisation mathématique, sa « présentation lucide », et il conclut que « c'est un beau texte ». G. Hirsch indique ([329], 214) que les lecteurs « auront sans doute le plaisir, hélas trop rare, de découvrir ici une présentation abstraite et générale dont la motivation ne cesse jamais d'être apparente ».

A. Grothendieck écrivait à J. Dieudonné le 23 novembre 1969 qu'un groupe de jeunes mathématiciens vietnamiens voudrait traduire ce livre, « pensant qu'il serait très utile » au Vietnam, mais sans que l'éditeur ni l'auteur touchent « un sou », et il demande à J. Dieudonné son « accord tacite ». Celui-ci n'y voyait, dans sa lettre du 2 décembre, « aucune objection ». Je ne sais pas si ce projet de détournement de copyright a été mené à bonne fin.

J. Dieudonné publie ensuite entre 1968 et 1982 les tomes II à IX ([68]) de ses *Éléments d'analyse* qui ont été bien caractérisés par J.E. Marsden ([356], 724) :

> Il est rare qu'un mathématicien fasse un effort sérieux pour abattre les barrières et favoriser le développement des mathématiques en enseignant de façon vivante et compréhensible aux mathématiciens avides d'apprendre. Je crois que J. Dieudonné est un des rares de cette lignée.

J. Dieudonné a présenté lui-même ([277]) les tomes VII et VIII de son traité en soulignant qu'ils forment « la partie la plus concrète » de l'ouvrage, et que le tome VII est « le premier exposé complet » de la théorie des opérateurs pseudo-différentiels, qui sont une généralisation de l'opérateur intégral singulier de Calderon-Zygmund et qui jouent un rôle essentiel dans la théorie des équations aux dérivées partielles.

# 3

# IL A DONNÉ À L'HISTOIRE
# DES MATHÉMATIQUES
# SES TITRES DE NOBLESSE

> Je pense qu'il n'est pas possible de comprendre les mathématiques d'aujourd'hui si l'on n'a pas au moins une idée sommaire de leur histoire.
>
> J. DIEUDONNÉ ([183], 10).

## 3.1. « UN SUJET TOUJOURS NOUVEAU ET TOUJOURS CAPTIVANT »

L'intérêt de J. Dieudonné pour l'histoire des sciences est très ancien ; il date d'avant-guerre ([246]) :

> L'histoire des sciences est un sujet toujours nouveau et toujours captivant : on ne se lasse jamais d'étudier le développement de cette branche de l'activité humaine, la seule où le mot *progrès* ait un sens défini.

Ses travaux en histoire des mathématiques qui abordent les sujets contemporains sont d'autant plus pertinents qu'il possédait de vastes connaissances, comme l'écrivait R. Garnier dans son *Rapport sur la candidature de M. J. Dieudonné* à l'Académie des Sciences de Paris du 17 juin 1968 ([290]) :

> Il serait difficile de trouver quelqu'un qui connaisse l'état actuel des mathématiques d'une manière aussi approfondie que M. Dieudonné.

Cette connaissance se reflète dans sa longue lettre, contenant une foule de renseignements, à S. Iyanaga du 28 avril 1978. En 1977 paraissait, traduit du japonais, l'*Encyclopedic dictionary of mathematics,* édité par S. Iyanaga et Y. Kawada ([332]). Une partie seulement de cette lettre a été reprise dans le compte rendu de J. Dieudonné paru dans *The American Mathematical Monthly* ([279]). Il écrit à S. Iyanaga à propos de cette encyclopédie :

> C'est une grande réussite.

Et il ajoute :

> Rien que les Tables du volume II constituent à elles seules une mine de renseignements qui n'a d'équivalent nulle part, et qui servira sans doute de référence pendant longtemps.
>
> Mais bien entendu aucune œuvre humaine n'est parfaite et j'ai eu l'occasion de faire d'assez nombreuses remarques qui peut-être vous seront utiles pour une nouvelle édition.

Pour la conception d'ensemble, J. Dieudonné regrette que pour beaucoup de sujets on ait adopté « une *fragmentation* » trop poussée. A son avis, il aurait été préférable « de suivre la conception » de l'*Encyclopaedia Universalis,* dont précisément J. Dieudonné avait assuré la direction scientifique mathématique ([77]). Voici à ce propos le témoignage de J.-L. Verley qui l'a assisté dans cette tâche ([386], 535) :

> Avec cette connaissance universelle que lui seul possédait, c'est lui qui a conçu le plan et le découpage des mathématiques dans la première édition de l'*Encyclopaedia Universalis*. Il a activement participé à son élaboration en aidant à trouver des auteurs et en mettant lui-même la main à la pâte pour des articles qui sont unanimement reconnus comme des références sans équivalent.

J. Dieudonné passe ensuite, dans sa lettre à S. Iyanaga, aux remarques particulières qu'il divise en trois parties : mathématiques vivantes, mathématiques classiques et exposés historiques. Les articles de la partie des mathématiques vivantes sont « de loin les plus réussis de l'ouvrage ». Les mathématiques classiques, par contre, sont souvent écrites « par des gens à l'esprit *routinier* qui ne connaissent *absolument pas* les travaux modernes ». Enfin, la partie d'exposés historiques est « la moins bonne de l'ouvrage ». Mais, malgré ces défauts, il reste ([279], 233) « la référence modèle pour tous ceux qui veulent s'informer d'une partie quelconque des mathématiques de notre temps ».

Dans les papiers laissés par J. Dieudonné, j'ai trouvé une liste des mathématiciens français vivants cités dans l'édition de 1987 de l'*Encyclopedic dictionary of mathematics* qui se divise en trois parties : moins de trois citations dans cette encyclopédie, au moins trois citations et moins de dix, et au moins dix citations. Dans cette dernière partie figurent : Bourbaki, Cartan, Choquet, Dieudonné, Godement, Grothendieck, Leray, Lions, Ruelle, Schwartz, Serre, Thom et Weil.

Il avait une haute conception de la recherche en histoire des mathématiques, comme en témoigne un de ses rapports du 13 février 1976 :

> Personnellement, je crois que de bons travaux sur l'histoire des mathématiques méritent beaucoup plus d'attention que de soi-disant « recherches » sur l'algèbre abstraite ou la topologie générale, vouées à l'oubli dès leur parution. Un des premiers mathématiciens de notre temps (et de tous les temps), André Weil, c'est constamment intéressé à l'histoire des mathématiques et y a consacré une partie non négligeable de son temps ; je pense que cela pourrait donner matière à réflexion.

Sa curiosité pour « l'histoire des mathématiques s'est aiguisée » encore ([379], 101) à partir de 1970, et J.-L. Verley a bien décrit ses travaux dans ce domaine ([386], 535) :

> Il a inauguré, en histoire des mathématiques, un style très original, analysant l'évolution et le développement de cette science, tout en expliquant leur teneur. Les concepts sont ana-

lysés d'un point de vue dynamique, en liaison avec la présentation du matériel correspondant.

## 3.2. « MIGRATIONS DE STRUCTURES »

L'histoire d'une notion clé de la mathématique bourbachique a été étudiée par J. Dieudonné dans son article *La difficile naissance des structures mathématiques (1840-1940)* ([133], 9) :

> Lorsque nous jetons aujourd'hui un regard sur l'évolution des mathématiques depuis deux siècles, nous ne pouvons manquer d'y voir que, depuis 1840 environ, l'étude des objets mathématiques particuliers cède de plus en plus la place à celle des *structures* mathématiques. Mais cela n'a nullement été perçu par les contemporains jusque vers 1900, car non seulement la notion générale de structure mathématique leur est étrangère, mais même les notions de base de structures particulières telles que celle de groupe ou encore d'espace vectoriel n'émergent que très lentement et avec beaucoup de difficultés.

Ce qui le conduit à conclure avec J. Hadamard que, dans l'histoire des mathématiques, « les idées simples arrivent en dernier ». D'ailleurs, un des obstacles principaux à l'émergence de la notion de structure a été le retard dans le développement du langage des mathématiques et dans l'apparition des concepts d'ensemble et d'application « à l'aide desquels s'expriment toutes les mathématiques d'aujourd'hui ». On peut aussi rappeler ici le rôle décisif joué ([300]) par R. Dedekind.

Dans *Les grandes lignes de l'évolution des mathématiques,* parues en 1980, J. Dieudonné indique ([139], 1) « qu'au moins 80 % des connaissances mathématiques d'aujourd'hui *remonte à moins de 150 ans* ». Il avait réparti dans son *Panorama des mathématiques pures,* dont je parlerai plus loin, les mathématiques actuelles en 26 rubriques :

> Or il n'y a qu'*une seule,* l'analyse classique, dont on peut dire que la moitié était connue avant 1850. Par contre, 9 rubriques *n'existaient pas avant 1895* : topologie générale, topologie algébrique, espaces vectoriels topologiques, théorie

spectrale, algèbres de von Neumann, théorie ergodique, analyse harmonique non commutative, théorie des catégories, algèbre homologique. Quatre autres ne remontent pas plus haut que 1870 : théorie des ensembles, groupes de Lie, formes modulaires et automorphes, fonctions de plusieurs variables complexes. Enfin, des 12 autres : logique mathématique, algèbre, théorie des nombres, algèbre commutative, géométrie algébrique, théorie des groupes, intégration, analyse harmonique commutative, équations différentielles, équations aux dérivées partielles, géométrie différentielle, probabilités, on peut dire que les 4/5 au moins de leurs méthodes et résultats sont postérieurs à 1840.

Quelles sont les raisons de « cette accélération du progrès » ? Ce ne sont ni la « réalité sensible » ni les « besoins de la société ambiante », qui n'ont été quelquefois que « la chiquenaude initiale », car le progrès des mathématiques est « essentiellement d'origine interne ».

Mais ce qui est important dans l'évolution des mathématiques ce sont les « migrations de structures » entre les différentes théories mathématiques ([139], 3), chacune entraînant avec elle « le cortège d'« intuitions » dans la théorie d'où elle est sortie » et on assiste ainsi à un « transfert d'intuitions ». Il en résulte que, depuis un siècle, « les progrès essentiels des mathématiques sont jalonnés par les inventions de structures ».

Ainsi l'analyse, qui a joué ([142], 257) « un rôle de puissant ferment et de moteur de recherche », est ([142], 263) « génératrice de structures » et on peut affirmer ([142], 266) « que les grandes découvertes en mathématiques sont venues des rapprochements inattendus entre notions superficiellement distinctes, et que c'est de là que viendront celle que nous réserve l'avenir ».

Dans un entretien radiophonique, J. Dieudonné précise ([235]) que l'analogie a pris actuellement la forme d'« isomorphisme », qui est « un des fondements des mathématiques actuelles ».

Dans son article, *Les grandes innovations des années 50 sont venues de France* ([79]), il souligne fortement le rôle des structures dans la recherche mathématique qu'il présente ainsi :

En gros, il y a deux styles d'attaque : l'un, qu'on peut appeler « tactique », consiste, par une utilisation nouvelle de méthodes déjà connues, à surmonter les barrières qui paraissent s'opposer à une application moins ingénieuse et plus routinière de ces méthodes. L'autre, la « stratégie », est une étude en profondeur de la situation, par laquelle on cherche à déceler exactement où se cache, sous une accumulation de détails contingents, le vrai nœud du problème. Cette recherche, qui impose donc de distinguer l'essentiel de l'adventice, se fait invariablement par une « abstraction au second degré » des notions (déjà abstraites) à la base du problème étudié, et par la création de *théories nouvelles,* portant sur les « structures » que le mathématicien dégage ainsi. C'est de cette façon par exemple que, de l'étude de la résolution des équations algébriques, est née la notion bien abstraite de « groupe » une des plus fondamentales de la mathématique actuelle. Ces nouvelles théories posent à leur tour des problèmes, qui parfois exigent une nouvelle « montée dans l'abstraction », et l'expérience prouve qu'il n'y a pas de raison pour ce processus s'arrête.

## 3.3. DÉFENDRE « LA CAUSE DES MATHÉMATICIENS À L'ACADÉMIE »

J. Dieudonné est élu membre de l'Académie des Sciences de Paris le 24 juin 1968, et très rapidement il deviendra un des éléments moteurs de la Section de mathématiques.

Lorsque S. Mandelbrojt — qui a fait partie du groupe Bourbaki à ses débuts ([354], 23-25) — est élu membre de l'Académie, J. Dieudonné lui écrit, de l'étranger, peu de temps après, le 28 novembre 1972 :

> C'est donc seulement aujourd'hui que je puis te féliciter pour ta brillante élection, dont je n'ai jamais douté ; je suis particulièrement heureux que l'Académie te rende enfin justice, bien qu'avec dix ans de retard.
>
> Ton arrivée dans la Section de géométrie va, j'espère, permettre de défendre dans de meilleurs conditions la cause des mathématiciens à l'Académie ; jusqu'ici il n'y avait que Garnier pour tenir ce rôle, les autres membres de la Section ne participant guère aux discussions depuis pas mal de temps.

J. Dieudonné écrivait le 29 janvier 1973 au bureau de l'Académie des Sciences :

> Je pense qu'il est louable que l'Académie s'occupe de la question des correspondants et associés étrangers, mais il me semble que la question est fort épineuse et risque d'entraîner des discussions sans fin. Déjà pour la France, dont la population est assez stable, nous sommes placés dans une situation où le nombre de places dont nous pouvons disposer est à peu près la moitié de ce que nous devrions avoir pour rendre justice aux nombreux mathématiciens de valeur que nous avons. Pour l'étranger, c'est bien plus sérieux, car le nombre de *pays* où il y a de bons mathématiciens a lui aussi bien augmenté depuis le XIXᵉ siècle. J'ai essayé de vous indiquer ceux qui me paraissent absolument dignes d'être, soit associés étrangers, soit correspondants, et vous allez voir que le total est impressionnant (pour le moment je conserve la distinction entre les deux catégories, sur laquelle je reviens plus loin). J'ai seulement tenu compte des gens de 45 ans et plus.

Il propose pour associés étrangers, dont j'ai rangé les noms par ordre alphabétique (certains ont été ajoutés plus tard sur la liste) : Adams F., Ahlfors, Atiyah (associé en 1978), Borel A. (associé en 1981), Bott R., Chern (associé en 1989), Cohen P., Gelfand (« mathématicien universel », associé en 1976), Gödel, Grauert, Hall P., Harish-Chandra, Hasse, Hironaka (associé en 1981), Hirzebruch (associé en 1989), Hodge, Hörmander, Iwasawa, Kodaira, Milnor J. (« mathématicien universel »), Pontrjagin, de Rham (associé en 1978), Shafarevich, Shimura, Siegel (associé en 1973), Tate J. (associé en 1992), Whitney et Zariski.

J. Dieudonné spécifie ensuite :

> Tous ces mathématiciens ont à leur actif *au moins une* découverte remarquable. Mis à part Siegel, dont le génie est exceptionnel, je serais extrêmement embarrassé de choisir entre ceux d'une même tranche d'âge.

Voici la liste de correspondants possibles : Andreotti, Aronszajn, Beurling, Bochner, Bombieri (associé en 1984), Calderon (associé en 1984), Carleson (associé en 1992), Chow, Deuring,

Dwork, Dynkin, Eckmann, Eilenberg, Friedrichs, Garding, de Giorgi, Haefliger, Hilton, Igusa, Jacobson, James I., Kostant, Krein, K.F. Roth, Kuranishi, Kuratowski, Lang, Lax (associé en 1981), Lewy H., Mackey, Mac Lane, Mazur B., Morrey, Nagata, Nevanlinna (Rolf est correspondant depuis 1967), Nirenberg (associé en 1989), Novikov (« le père, logicien remarquable »), Remmert, Singer, Spencer, Stein K., Stone, Wielandt, Yosida et Zygmund.

Toutefois, il s'élève contre la suppression de la distinction entre la catégorie de correspondants et celle d'associés pour les savants étrangers, car « il n'y a qu'un *petit* nombre de noms sur lesquels j'hésiterais à les ranger dans l'une ou l'autre ». Mais il n'a pas été suivi par l'Académie, qui a décidé en 1976 de ne plus élire que des correspondants français.

Le classement suivant en vue des élections à la Section de mathématiques de l'Académie des Sciences doit dater également de 1973 :

> *Vue d'ensemble sur les candidats possibles à la Section de géométrie.*
>
> Les noms d'un certain nombre de mathématiciens pouvant être présentés par la Section ont été prononcés. Si l'on ne tient compte *d'aucune considération d'âge ou d'opportunité,* il me semble qu'on peut les ranger en deux catégories :
>
> I) Ceux que l'on pourrait appeler les mathématiciens *d'envergure universelle* : j'entends par là ceux qui, dans *plusieurs* sujets de nature très diverse, ont introduit dans chacun d'eux *une ou plusieurs idées fondamentales.* Parmi les noms prononcés, seuls H. Cartan et J.-P. Serre me paraissent rentrer dans cette catégorie ; il n'y a d'ailleurs à mon avis que trois autres Français qui y appartiennent : ce sont, par ordre alphabétique, C. Chevalley, J. Leray et A. Weil.
>
> II) Ceux que j'appellerai les *grands spécialistes* : ce sont ceux qui, dans *une seule* grande théorie mathématique, ont introduit une ou plusieurs idées fondamentales. Rentrent dans cette catégorie les autres mathématiciens qui ont été mentionnés (et entre lesquels il est bien difficile de choisir), soit, par ordre alphabétique, G. Choquet, P. Lelong, S. Mandelbrojt, L. Schwartz, R. Thom.

Mais il me semble qu'on pourrait y joindre, au même titre, au moins, M. Brelot, J. Dixmier, J.-P. Kahane, B. Malgrange, P. Malliavin, A. Neron, sans compter J.-L. Lions, plutôt orienté vers la mécanique et les mathématiques appliquées.

Voici quel a été le choix de l'Académie : Brelot M. (correspondant en 1974), Cartan H. (membre en 1974), Chevalley C. (correspondant en 1965), Choquet G. (membre en 1976), Kahane J.-P. (correspondant en 1982), Lelong P. (membre en 1985), Leray J. (membre en 1953), Lions J.-L. (membre en 1973), Malgrange B. (membre en 1988), Malliavin P. (membre en 1979), Mandelbrojt S. (membre en 1976), Serre J.-P. (membre en 1976), Schwartz L. (membre en 1975), Thom R. (membre en 1976) et Weil A. (membre en 1982).


## 3.4. LE RENOUVEAU MATHÉMATIQUE EN FRANCE

La guerre de 1914-1918 a décimé une grande partie de la jeunesse scientifique française, et après la guerre, à l'exception d'Élie Cartan, les mathématiciens ([64], 124) se cantonnaient « dans le domaine restreint de la théorie des fonctions d'une variable réelle ou complexe ».

Dans sa conférence de 1964, *L'école française moderne des mathématiques,* J. Dieudonné situe ([56], 103) en 1928 le tournant qui conduira au renouveau mathématique en France. Les jeunes mathématiciens français « réapprennent l'algèbre et la théorie des nombres » chez les Allemands et « ils découvrent la topologie et l'analyse fonctionnelle » chez les Polonais et les Russes.

Lorsque, la même année, il analyse dans *Pure mathematics in France from 1949 to 1955* la contribution des mathématiciens français au développement de leur science, il souligne ([61], 44) qu'il n'y a guère de « domaine de mathématiques pures auquel les mathématiciens n'aient apporté une contribution substantielle ». Ainsi ([79]) la France a réussi à rattraper son retard des années 1920 à 1940.

En 1969, l'hebdomadaire à grand tirage *Paris-Match* publie

un cahier spécial sur *La révolution des mathématiques.* Voici sa liste des « pionniers » français alors vivants : N. Bourbaki, H. Cartan, J. Dieudonné, A. Grothendieck (« reconnu comme étant un des génies du siècle »), J. Leray, A. Lichnerowicz, J.-P. Serre, R. Thom et A. Weil.

Dans son article publié dans *Le Monde* du 29 avril 1969, et que j'ai déjà cité, il rend compte de ce renouveau mathématique ([79]) :

> C'est en France, et à un moindre degré au Japon, que sont apparus les jeunes les plus brillants, et d'où sont sorties la plupart des grandes innovations mathématiques des années 50.
>
> Actuellement, il est vrai, la loi du nombre a recommencé à jouer. La jeune génération américaine (née dans le pays) est sans doute celle qui compte le plus de talents exceptionnels, suivie de près par l'U.R.S.S., puis par le Japon et les pays européens, à peu près dans l'ordre d'importance de leur population.
>
> L'importance numérique d'une école détermine aussi inéluctablement l'étendue de son champ d'action. Seules les écoles américaine, russe et japonaise sont assez nombreuses pour que tous les domaines des mathématiques y soient représentés. L'U.R.S.S. a encore quelques « trous », qu'elle est en train de combler rapidement. Les autres pays se spécialisent plus ou moins.
>
> La France, par exemple, a très peu de mathématiciens travaillant en logique, en théorie des groupes finis ou des équations différentielles ordinaires. En revanche, elle est très bien représentée en géométrie algébrique, en théorie des nombres algébriques, en analyse fonctionnelle, en théorie des groupes de Lie, en théorie des fonctions de plusieurs variables complexes, en géométrie et topologie différentielles. L'Allemagne a une école de pointe en théorie des fonctions de plusieurs variables complexes, l'Italie en théorie des équations aux dérivées partielles, l'Angleterre en théorie des groupes, en topologie algébrique et en topologie différentielle.

Mais J. Dieudonné lui-même ne semble pas fidèle à sa « loi du nombre » lorsqu'il écrivait à M. Berger, à la suite de son article *Sur le flux de survie de la recherche mathématique française* ([223]), le 17 avril 1980 ([140]), lettre qui a été publiée dans la *Gazette des Mathématiciens* :

A t'en croire dix mathématiciens par an en France est un chiffre catastrophiquement bas ; mais je te rappelle qu'avant 1940 ce chiffre était de deux ou trois au plus, donc les « exemples historiques » devraient prouver qu'entre 1880 et 1940 les mathématiques françaises ont été négligeables, puisqu'on n'avait pas de « flux assez important » !! Et où as-tu vu que Weil ou Leray (que tu cites) aient eu besoin de « résonateurs » ou d'« équipe » pour faire leur œuvre ?

J. Dieudonné, dans cette lettre, est tout à fait opposé à l'idée « qu'on puisse accélérer le progrès de la recherche en multipliant le nombre des chercheurs ».

Dans son étude intitulée *Deux siècles de contributions de mathématiques françaises* ([190]), écrite probablement vers 1989, car l'année du décès de M. Brelot (1987) y figure, mais pas celle de C. Chabauty (1990), il donne d'abord, dans la partie I *Les hommes,* la liste des mathématiciens, nés avant 1900, dont le nom reste attaché « à au moins un objet mathématique, un théorème ou une méthode », et « qui *sont encore cités dans les travaux mathématiques actuels* ». Dans une seconde liste, il se limite aux mathématiciens nés avant 1918 et auxquels on peut appliquer les mêmes critères ; ils sont cités en suivant leur date de naissance : J. Favard, J. Delsarte, M. Brelot, H. Cartan, R. de Possel, C. Ehresmann, A. Weil, J. Leray, J. Herbrand, C. Chevalley, C. Pisot, C. Chabauty, M. Krasner, P. Lelong, A. Lichnerowicz, G. Choquet, J. Deny et L. Schwartz.

Dans la seconde partie, il examine *Les œuvres,* classées en 11 rubriques.

En 1991, à la demande de A.P. Youschkevitch, il a écrit un article sur *L'école mathématique française du XXᵉ siècle,* destiné à l'ouvrage publié à Moscou, en russe, *Mathématique du XXᵉ siècle.* S.S. Demidov m'a signalé en juin 1993 que ce projet sera finalement réalisé en anglais chez Birkhäuser.

J. Dieudonné précise ses intentions dans les *Remarques préliminaires* ([198]) :

Le découpage de l'histoire en « siècles » n'a évidemment aucun rapport avec le déroulement des activités scientifiques ; quand les travaux d'un mathématicien enjambent l'année 1900, il me semble qu'il n'y a pas lieu de ne considérer que ceux postérieurs à cette date (cas de Poincaré, Painlevé, Picard, E. Borel, E. Cartan, Hadamard).

Un deuxième problème concerne les mathématiciens qui ne sont pas de nationalité française (ou ont été naturalisés), mais qui ont reçu leur formation en France, ou y ont exercé une grande partie de leur activité ; c'est ce qu'on peut appeler « l'école française ». Mon avis est qu'il faut les considérer au même titre que les Français de naissance (cas de de Rham, A. Borel, Grothendieck, Deligne, Tits, Bourgain, Mandelbrojt, Krasner).

Enfin, on peut classer les travaux mentionnés, soit en groupant ceux qui sont dus à un même auteur, soit ceux qui se rapportent à une même partie des mathématiques. J'ai choisi la seconde méthode, qui me paraît rendre plus claires les contributions des divers auteurs.

Voici quelles sont les parties traitées par l'auteur : topologie algébrique et topologie différentielle ; algèbre homologique, catégories et foncteurs ; analyse complexe et géométrie analytique ; analyse réelle, intégration et calcul de probabilités ; analyse fonctionnelle et théorie spectrale ; équations différentielles ; équations aux dérivées partielles, feuilletage, opérateurs pseudo-différentiels, potentiel ; analyse harmonique commutative ; groupes de Lie, leurs représentations linéaires et leurs espaces homogènes, relations avec les groupes finis et avec l'algèbre non commutative ; géométrie différentielle ; géométrie algébrique et algèbre commutative ; théorie des nombres et géométrie diophantienne ; formes modulaires et formes automorphes ; logique et combinatoire.

## 3.5. GÉOMÉTRIE ALGÉBRIQUE

C'est en 1960 que commencent à paraître dans les *Publications mathématiques* de l'Institut des Hautes Études Scientifiques de Bures-sur-Yvette les *Éléments de géométrie algébrique* ([43]) que H. Cartan considère ([231], XVIII) comme un « immense ouvrage » et S. Lang ([343], 239) comme « un événement marquant majeur dans le développement de la géométrie algébrique ».

Sur ce travail en commun avec A. Grothendieck il existe une correspondance entre 1962 et 1970.

J. Dieudonné a toujours exprimé des avis très élogieux sur les travaux de A. Grothendieck. Lorsqu'il les présente au Congrès international des mathématiciens à Moscou en 1966, où A. Grothendieck reçoit la médaille Fields, il le compare ([74], 24) à Hilbert, et, si la comparaison est lourde à porter, « Grothendieck est de taille à n'en pas être accablé ».

Dans son article *A. Grothendieck's early work,* il se souvient de son arrivée à Nancy en octobre 1949 ([188], 299) pour participer au Séminaire organisé par J. Delsarte, J. Dieudonné, R. Godement et L. Schwartz sur les espaces vectoriels topologiques. C'était l'époque où A. Grothendieck était ([379], 101) son élève, mais « au bout de quelque temps » c'est J. Dieudonné « qui est devenu élève » de A. Grothendieck. Les résultats obtenus alors par celui-ci furent très importants ([188], 300) :

> En moins de trois ans furent créés des concepts et obtenus des résultats dont l'impact, selon moi, peut être comparé à l'œuvre de Banach lui-même.

En 1990, il souligne encore l'importance des travaux de A. Grothendieck en géométrie algébrique ([194], 14) :

> Il y a peu d'exemples en mathématiques d'une théorie aussi monumentale et aussi féconde, édifiée en si peu de temps et essentiellement due à un seul homme.

En 1985 s'engage une navrante correspondance entre J. Dieudonné et A. Grothendieck à propos du manuscrit de celui-ci *Récoltes et semailles,* que je n'ai pas à commenter. Mais, dans sa lettre du 17 novembre 1985, J. Dieudonné énonce un de ses principes « au sujet des mathématiques », qui, à mon avis, est vérifié dans tous ses écrits et qu'il me semble intéressant de citer ici :

> Je me suis toujours refusé à discuter de quoi que ce soit concernant les questions de priorité, de citations absentes ou d'attributions fausses, au sujet de mes articles. La raison est que

je pense que ces questions ne peuvent êtres traitées que par les historiens futurs, qui disposent du recul nécessaire et de tous les documents, publiés ou du moins écrits mais datés et authentifiés de façon certaine. Bien entendu tout ce qui n'est que verbal (cours, conversations, etc.) est sans valeur quand aucun document ne peut l'appuyer.

D'ailleurs, même avec le recul, il est souvent difficile de trancher les questions de priorité. Les lettres de H. Lebesgue à E. Borel ([306], 100-104) le montrent bien à propos du théorème de Borel-Lebesgue qui conduira à la définition actuelle du compact. De plus, très souvent, la véritable histoire d'un théorème peut s'étendre sur une longue période, comme le montre, par exemple ([297]), celle du théorème des accroissements finis.

Lorsque Jean Dieudonné cesse ([379], 101) « de faire de la recherche mathématique proprement dite », il se lance de façon beaucoup plus décidée dans l'étude de l'histoire des mathématiques et, en particulier, en 1972, dans celle du développement historique de la géométrie algébrique ([93]), à propos de laquelle O.F.G. Schilling écrit qu'il s'agit ([378]) « d'un exposé magistral de géométrie algébrique ».

Il publie ensuite son *Aperçu historique sur le développement de la géométrie algébrique,* en 1974, comme tome I du *Cours de géométrie algébrique.* Il tente d'y montrer ([101], t. I, 5) « comment, progressivement, les géomètres ont été amenés à élargir leurs conceptions », pour aboutir à ce qu'aujourd'hui la géométrie algébrique apparaisse « comme l'une des composantes d'une trinité dont les deux autres sont la théorie des nombres et la théorie des espaces analytiques ». Dans ce travail, il a eu ([101], t. I, 7) la « rare aubaine » d'obtenir la « coopération » de J.-P. Serre, l'un « des acteurs principaux des événements » exposés dans ce livre.

Son étude historique commence avec la *Préhistoire* de la géométrie algébrique qui débute 400 ans avant J.-C. et se termine par le chapitre *Faisceaux et schémas,* où il décrit ([101], t. I, 9) quelques résultats récents, ainsi que « quelques-uns des problèmes principaux encore sans solution à l'heure actuelle ».

Particulièrement intéressante est l'analyse des travaux de Riemann qui allaient ouvrir de nouveaux horizons à la géométrie algébrique, travaux souvent basés sur de profondes intuitions ([101], t. I, 47-48) :

> L'œuvre de Riemann, comme celle de Galois et de Dirichlet, frappe tout d'abord par la façon dont elle adhère aux concepts qui y sont étudiés, en éliminant dans toute la mesure du possible les notions secondaires ou parasites et en particulier les calculs non strictement indispensables. Sûr de sa vision intérieure, Riemann n'hésite pas à passer outre lorsque les techniques mathématiques de son temps ne lui fournissent pas les moyens d'une démonstration rigoureuse ; on le lui a beaucoup reproché, mais tous les développements ultérieurs ont justifié ses intuitions, une fois forgés les outils nécessaires.

Ses travaux sur la géométrie algébrique « offrent une éblouissante succession d'idées originales » lorsqu'il aborde les problèmes « d'une façon à laquelle aucun de ses prédécesseurs n'avait songé ».

Après 1920 ([101], t. I, 113), l'élargissement des points de vue ouvre « la voie à une conception plus souple et plus générale » de la géométrie algébrique. Tandis que l'introduction, après 1945 ([101], t. I, 168), des notions de faisceau, de cohomologie dans un faisceau et de suites spectrales, dues à J. Leray, renouvelle complètement « les concepts et les méthodes de la géométrie algébrique ».

Dans son compte rendu, R. Hartshorne considère ([326], 456) que ce livre est « une parfaite réussite, écrit dans un beau style clair ».


### 3.6. *LE CHOIX BOURBACHIQUE*

C'est dans son *Panorama des mathématiques pures. Le choix bourbachique* que J. Dieudonné a pu céder ([144], t. I, 3) à son « irrésistible attrait pour la compilation » qui remonte à son enfance et donner ([121], XI) « une idée *extrêmement sommaire* d'une partie assez considérable des théories mathématiques actuelles ».

Quelles sont les mathématiques qui font partie du choix bourbachique :

A très peu de choses près, l'ensemble des questions qui ont été exposées dans les séances du Séminaire Bourbaki.

Ce séminaire a été fondé en 1948 et, au moment où J. Dieudonné rédige ce livre, il y a eu environ 500 exposés. Il groupe l'ensemble des problèmes mathématiques en six classes ([121], XII-XIII) : I. les problèmes morts-nés ; II. les problèmes sans postérité ; III. les problèmes qui engendrent une *méthode* ; IV. les problèmes qui s'ordonnent autour d'une *théorie* générale, féconde et vivante ; V. les théories en voie d'*étiolement* ; VI. les théories en voie de *délayage*.

Les sujets exposés dans le Séminaire Bourbaki lui semblent appartenir à la catégorie IV et « dans une moindre mesure » à la III. De plus, « une des caractéristiques de la mathématique bourbachique est son extraordinaire *unité* ».

La passion classificatrice de J. Dieudonné lui fait introduire la notion de « densité bourbachique » : c'est « la proportion des questions exposées au Séminaire Bourbaki par rapport à la littérature mathématique touchant la rubrique concernée ». Ainsi figurent ([121], XVII) dans le tableau de densité bourbachique nulle : théorie des ensembles, algèbre générale, topologie générale, analyse classique, espaces vectoriels topologiques et intégration.

Quant à la topologie algébrique et la topologie différentielle ([121], 1), de densité bourbachique maximum, et « le XXᵉ siècle restera dans l'histoire des mathématiques comme le siècle de la *topologie* », elles envahissent, à partir de 1930, « progressivement toutes les autres parties des mathématiques, sans que l'on puisse encore discerner le moindre ralentissement dans cette marche conquérante ».

Pour chaque théorie mathématique traitée dans son ouvrage, J. Dieudonné signale son rapport « avec les sciences de la nature » et il indique ses « initiateurs ».

Une autre théorie de densité bourbachique maximum est celle des équations différentielles, qui ([121], 33), « depuis 300 ans », continue à « être une des plus intensément étudiées de toutes les mathématiques ». De même, la théorie des équations aux dérivées partielles, de noblesse suprême également

([121], 47), « étudiée sans relâche depuis plus de deux siècles »,
elle est « un des domaines les plus vastes et les plus divers de
toute la mathématique actuelle, et l'énormité de sa bibliographie
défie l'imagination ».

Dans une interview à la radio France-Culture, il a présenté
([278]) les exposés du Séminaire Bourbaki — exploités dans le
*Panorama des mathématiques pures* — comme « une encyclopédie en puissance », inutilisable « telle quelle ». Ce qu'il a
voulu faire dans son livre, c'est « donner un guide qui permette
au lecteur de s'y retrouver ».

## 3.7. *ABRÉGÉ D'HISTOIRE DES MATHÉMATIQUES*

C'est Jean Dieudonné qui a eu l'idée d'écrire ce livre d'histoire des mathématiques et qui a choisi les rédacteurs des différents chapitres. Il m'en avait parlé pour la première fois en mai
1972. La première réunion du groupe de travail a eu lieu en juin
1974 et il en a résulté un *Projet d'histoire des mathématiques à
l'usage des professeurs de l'enseignement secondaire* rédigé par
J. Dieudonné. Dans les *Généralités*, il est demandé aux collaborateurs que, chaque fois qu'une notion est introduite, « elle soit
définie en termes modernes ». Quant aux démonstrations, il faudrait se reporter à « un livre écrit dans le même esprit », et « le
seul » qu'il connaisse est celui de H.B. Griffiths et P.J. Hilton *A
comprehensive textbook of classical mathematics. A contemporary interpretation* ([322]). De plus, il était envisagé de pallier à
l'absence de l'histoire des mathématiques avant 1700 par un
chapitre préliminaire, « écrit par une personne extérieure, style
Queneau ».

L'exemple « à ne pas suivre », c'est celui de l'histoire de la
théorie des nombres de L.E. Dickson ([242]), à savoir « une liste
chronologique des théorèmes démontrés ». Au contraire, il
s'agit de faire voir « comment naissent les idées mathématiques », et le sous-titre de l'ouvrage pourrait être *Comment sont
nées les idées mathématiques.*

Les textes devaient être remis à l'éditeur en mars 1975 et dis-
tribués « à tous les collaborateurs, suivant le système Bour-

baki ». Les réunions — qui s'étaleront sur 12 jours entre mai 1975 et avril 1976, le manuscrit définitif étant remis à l'éditeur en juin 1977 — ont servi à lire chaque texte et à le discuter, le travail final étant fait par J. Dieudonné. Un des buts de ces discussions était d'unifier « l'esprit » du livre, mais non « le style » : plus qu'une question de style, « c'est une question de point de vue, d'angle de vision ». Au cours de ces journées, j'ai pu, encore une fois, mesurer l'étendue, la profondeur et la vision d'ensemble des connaissances mathématiques de J. Dieudonné, que je n'ai rencontrées chez personne d'autre.

Dans son *Avant-propos* ([123], t. I), J. Dieudonné justifie le choix de la période 1700 à 1900, car, d'une part, « c'est seulement à la fin du dix-septième siècle que sont mis en place les outils fondamentaux qui ont dominé depuis lors toutes les techniques mathématiques » et, d'autre part, c'est à la fin du XIXe siècle que « tous les thèmes mathématiques ont été dégagés ».

Dans son *Introduction*, que G. Birkhoff qualifie ([224], 192) de « hardie et brillante », il trace « la carrière de mathématicien », décrit « la communauté mathématique » et esquisse l'évolution et le progrès des mathématiques.

Le chapitre *L'analyse mathématique au dix-huitième siècle,* écrit par J. Dieudonné, constitue pour G. Birkhoff ([224], 186) « un magnifique tour de force » : présenter le développement de l'analyse au XVIIIe siècle en 34 pages.

De même, le chapitre sur *L'analyse fonctionnelle,* également écrit par J. Dieudonné, est ([224], 189) « un plaisir », en particulier à cause de ses attributions précises.

Pour H. Freudenthal ([317], 661), ce livre est une « bonne histoire des mathématiques », où d'après G. Birkhoff ([224], 193) « de nombreux développements mathématiques trouvent leur histoire digne de foi ». Quant aux historiens des mathématiques russes, ils considèrent qu'il s'agit ([222], 144) d'« un événement important dans la littérature de l'histoire des mathématiques ».

En 1986 paraissait une nouvelle édition « modifiée et mise à jour » de l'*Abrégé,* réduite à un seul volume, ce qui a nécessité de nombreuses coupures dans la première édition en deux volumes. Ainsi, dans la partie rédigée par G. Hirsch, *Topologie,* le paragraphe *Les travaux de Hopf et les catégories* ([123], t. II, 229-232) a été supprimé. G. Hirsch écrit à ce propos à J. Dieudonné le 16 décembre 1985 que « Hopf est vraiment le créateur de la topologie algébrique sous son aspect fonctoriel ». Comme le paragraphe sur les *Espaces fibrés* ([123], t. II, 250-252) a été également supprimé, il signale qu'il s'agit d'une notion importante dans la mathématique d'aujourd'hui, et même en physique, « dont le premier exemple fut présenté par Hopf », et G. Hirsch ajoute :

> J'ai aussi une raison supplémentaire pour ne pas passer sous silence l'apport de Hopf à la topologie : à part une appréciation très critique sur un texte (qui ne lui était pas destiné), Hopf m'a toujours très généreusement accordé aide et encouragement. Ce ne serait pas là une raison suffisante, tant s'en faut, pour lui décerner des louanges qu'il n'aurait pas mérité, mais je crois vraiment que ses travaux doivent être mis en lumière, à la fois pour leur caractère crucial et aussi pour l'ingénieuse façon de mettre la géométrie à contribution pour pallier l'absence (à l'époque) d'un outil algébrique adéquat.

J. Dieudonné lui répond le 31 décembre que des coupures seront faites dans les chapitres sur la *Théorie des nombres, Fonctions elliptiques et intégrales abéliennes, Géométrie différentielle* et *Topologie.* Quant aux chapitres *Intégration et mesure* et *Calcul des probabilités* ils seront purement et simplement supprimés. Il justifie ces coupures par le fait que le livre est destiné aux étudiants du premier cycle « qui, avec les nouveaux programmes, ne savent que très peu de choses » et « il ne peut être question d'homotopie ou d'espaces fibrés pour des gens qui savent à peine ce qu'est une fonction continue ».

## 3.8. HISTOIRE DE L'ANALYSE FONCTIONNELLE

Le livre *History of functional analysis* de J. Dieudonné, paru en 1981, est à mon avis, le meilleur ouvrage existant sur ce sujet, écrit par un mathématicien qui a joué un rôle important dans le développement de l'analyse fonctionnelle, et on ne peut qu'être d'accord avec le jugement de R.S. Doran ([289], 403) :

> Le livre admirable dont on rend compte, écrit par un mathématicien parfaitement qualifié, est une contribution remarquable à la compréhension historique de la partie qui est connue aujourd'hui comme analyse fonctionnelle.

Mais qu'est ce que l'analyse fonctionnelle pour J. Dieudonné, définition importante pour bien situer le domaine dont l'auteur écrit l'histoire ([145], 1) :

> C'est l'étude des espaces vectoriels topologiques et des applications $u : \Omega \to F$, d'une partie $\Omega$ d'un espace vectoriel topologique $E$ dans un espace vectoriel topologique $F$, ces applications étant supposées satisfaire aux différentes conditions algébriques et topologiques. Un instant de réflexion montre que cela couvre une grande partie de l'analyse moderne, en particulier la théorie des équations différentielles aux dérivées partielles.

Si on veut ([145], 4) réduire l'histoire « embrouillée » de l'analyse fonctionnelle à quelques « mots clés », alors il faudrait insister « sur l'évolution de deux concepts : *théorie spectrale* et *dualité* ». Toutefois, son histoire ([145], 5-6) peut se résumer en une série de « sauts discrets » qui furent des « pas décisifs » dans son développement.

La première « discontinuité » se situe vers les années 1896-1900, lorsque Le Roux, Volterra et Fredholm, « au lieu d'étudier des équations intégrales *spéciales* », choisirent « d'utiliser les hypothèses *minimales* sur les noyaux ».

Le pas suivant est accompli par Hilbert en 1906, lorsqu'il soumit « la théorie très spéciale des équations intégrales symétriques à un concept beaucoup plus général de formes quadratiques « bornées » infinies ».

La troisième « discontinuité » provient de la découverte de « l'intégrale de Lebesgue », des « concepts géométriques et topologiques introduits par Fréchet » et de la définition vers 1910-1913 par Riesz des espaces $L^p$ et $l^p$ et de sa « découverte de la dualité naturelle entre les espaces *différents* $L^p$ et $L^q$ ».

Le quatrième « saut » fut accompli par Helly en 1921 « en généralisant le théorie des systèmes d'équations linéaires des espaces spéciaux $l^p$ à un sous-espace normé *quelconque* de $\mathbb{C}^{\mathbb{N}}$ ».

C'est entre 1900 et 1910 ([145], 97) que se produisit « une cristallisation soudaine de toutes les idées et méthodes qui furent assimilées lentement » pendant le XIX$^e$ siècle. « Cela est dû essentiellement » à la parution de « quatre écrits fondamentaux » ; ce sont le mémoire de Fredholm de 1900 sur les équations intégrales ([315]), la thèse de Lebesgue de 1902 sur l'intégration ([344]), le mémoire de Hilbert de 1906 sur la théorie spectrale ([328]) et la thèse de Fréchet de 1906 sur les espaces métriques ([312]).

Il me semble intéressant de noter la réaction de H. Lebesgue au livre de Hilbert *Grundzüge einer allgemeinen Theorie der linearen Integralgleichungen,* dont le mémoire de 1906 sur la théorie spectrale est la quatrième partie. Elle montre combien ses préoccupations mathématiques étaient loin de ces questions. En effet, il écrit à E. Borel le 18 août 1912 ([345], 305-306) :

> Reçu les équations intégrales de Hilbert. Naturellement ne regarderait pas de sitôt ; ça m'a eu l'air comme à l'habitude de résoudre tous les problèmes mathématiques dignes qu'on se les pose. Ça ne doit pas avoir beaucoup de commun avec Volterra, sauf le bluff.

L'étude sur la théorie spectrale après 1900 achevée, J. Dieudonné aborde ([145], 210) l'histoire des espaces localement convexes. G. Köthe regrette dans son compte rendu ([338], 62) que, dans ce chapitre, « la part décisive » de J. Dieudonné « dans la mise en forme définitive de cette théorie » ne soit pas mentionnée.

Dans le paragraphe très informé sur la théorie des distributions ([145], 231), et comme dans tout l'ouvrage appuyé sur des citations précises, il compare « le rôle de Schwartz en théorie des distributions » à celui « joué par Newton et Leibniz » dans l'histoire du calcul différentiel :

> Ils ont été capables de systématiser les algorithmes et les notions du calcul de manière qu'il devienne l'outil souple et

puissant que nous connaissons, tandis qu'avant il pouvait être manié seulement à l'aide des arguments et diagrammes compliqués.

J. Dieudonné a présenté aussi un développement historique très approfondi de la théorie des distributions dans ([282]) son compte rendu du livre de J. Lützen *The prehistory of the theory of distributions.*

Lorsque, avec B. Eckmann, J. Mawhin et J.-P. Pier, nous préparions le colloque qui a eu lieu à Luxembourg en juin 1992, sur *Le développement des mathématiques au cours de la période 1900-1950,* dont les Actes doivent paraître début 1994 chez Birkhäuser, on avait demandé à G. Fichera de faire un exposé sur l'histoire de l'analyse fonctionnelle. A cette occasion, J.-P. Pier a reçu de lui une longue lettre du 20 octobre 1991 soulignant, à propos de cette partie des mathématiques, « les rapports, qui étaient très solides dans la première partie de ce siècle avec les domaines appliqués des mathématiques », et dont J. Dieudonné n'a pas tenu compte dans son livre. De plus, les « méthodes directes » du calcul des variations n'y sont pas mentionnées, ainsi que la théorie « des équations intégrales singulières avec noyaux (non intégrables) de Cauchy sur une courbe lisse » et la théorie des « intégrales harmoniques ». Parmi d'autres reproches, il insiste sur le fait que les mathématiciens italiens, entre autres R. Caccioppoli, G. Fantapié et A. Signorini, n'y sont même pas cités.

Cette lettre reflète une conception différente de l'analyse fonctionnelle de celle définie par J. Dieudonné au début de son livre. Pour illustrer sa « philosophie » de l'histoire des mathématiques, G. Fichera avait joint à sa lettre son article *L'analisi matematica in Italia fra le due guerre* ([310]), où le rôle de R. Caccioppoli, L. Fantapié, E.E. Levi, M. Picone, L. Tonelli, F. Tricomi et V. Volterra, en particulier, est mis en valeur dans le développement de l'analyse. Je signale que G. Fichera a publié en 1949 un article ([309]) sur la *Produzione italiana nel campo dell'analisi matematica durante il periodo 1940-1945.*

### 3.9. *POUR L'HONNEUR DE L'ESPRIT HUMAIN*

Le propos de C.G.J. Jacobi, extrait de sa lettre à A.-M. Legendre du 2 juillet 1830, mis en exergue à ce livre résume bien la philosophie des mathématiques de J. Dieudonné ([183], 7) :

> M. Fourier avait l'opinion que le but principal des mathématiques était l'utilité publique et l'explication des phénomènes naturels ; mais un philosophe comme lui aurait dû savoir que le but unique de la science, c'est l'honneur de l'esprit humain, et que, sous ce titre, une question de nombres vaut autant qu'une question du système du monde.

Cet ouvrage est destiné ([183], 9) à tous ceux qui, à divers titres, s'intéressent à la science et son objet est de tenter d'expliquer les raisons de l'incompréhension du public à l'égard des mathématiques actuelles et de la dissiper.

Le livre a été traduit en italien en 1989 sous le titre *L'art des nombres.* La traduction anglaise, quant à elle, est intitulée *Mathématiques, la musique de la raison,* à cause de la phrase de J.J. Sylvester de 1864 ([183], V) :

> Pourquoi la musique ne pourrait-elle être décrite comme la mathématique des sens, la mathématique comme la musique de la raison ?

J. Dieudonné a écrit sur un certain nombre de ces hommes qui ont travaillé « pour l'honneur de l'esprit humain », et il me semble indispensable de les présenter ici pour montrer encore une fois ses vastes connaissances en histoire des mathématiques.

J. d'Alembert (1717-1783) a été tiraillé ([167], 42) toute sa vie entre sa passion pour les mathématiques et son désir de participer aux grands débats de son temps. Après Descartes, Pascal et Leibniz, il est peut-être « le dernier représentant » parmi les mathématiciens qui se soit intéressé aussi bien aux mathématiques qu'aux problèmes philosophiques.

C'est ([167], 44) dans son *Traité de dynamique,* paru en 1743, que se trouvent les premières équations aux dérivées partielles du second ordre, ainsi que la notion de conditions aux limites et les premières méthodes de solution. Il introduit également ([167], 45) la méthode de séparation des variables dans la théorie des équations différentielles.

En 1752, il rencontre pour la première fois les équations de Cauchy-Riemann qui caractérisent la partie réelle et la partie imaginaire d'une fonction analytique d'une variable complexe. Mais son résultat le plus important est la première démonstration que tout polynôme non constant à coefficients réels à toujours une racine complexe.

Ses articles dans l'*Encyclopédie* ([167], 46) ont joué un rôle important dans le développement des fondements de l'analyse et, en particulier, dans la clarification ([301], 176) de la notion de limite.

J. d'Alembert a considéré ([167], 47) que l'apport des mathématiques aux autres sciences était essentiel, mais sur ce point il a été attaqué par Voltaire et Rousseau, ainsi que par Buffon et Diderot. Ce dernier était persuadé « que les mathématiques avaient fait leur temps et que l'avenir appartenait à la chimie et à la biologie ». Il a même réussi à en convaincre Lagrange. Celui-ci affirmait dans un cours inédit de 1798 ([296], 1) qu'il restait « peu de moyens de faire de grands progrès avec l'analyse ». Pourtant, il avait donné dans sa *Théorie des fonctions analytiques* ([306 a], 42), pour la première fois, le théorème des accroissements finis et la formule de Taylor « remarquable par sa simplicité et par sa généralité ». Quant à A.-L. Cauchy, il affirmait en 1811 — il avait alors 22 ans et il laissera à sa mort des publications qui formeront 27 volumes de ses *Œuvres complètes* — ([296], 13) :

> Que dirais-je des sciences exactes : la plupart paraissent parvenues à leur plus haute période. L'arithmétique, la géométrie, l'algèbre, les mathématiques transcendantes sont des sciences que l'on peut regarder comme terminées, et dont il ne reste plus à faire que d'utiles applications.

J. Dieudonné avait signalé en 1992 un fait très regrettable ([285], 71) :

> Parmi les mathématiciens français célèbres des siècles passés, il y deux Cendrillons : d'Alembert et Liouville. Ce sont les

seuls dont les œuvres complètes n'ont pas été rassemblées dans une publication savante.

Il semble qu'actuellement ces œuvres complètes soient en préparation. Mais J. Dieudonné oublie une troisième Cendrillon des mathématiques françaises, S.D. Poisson ([299], 408), dont personne ne songe à publier les œuvres complètes. J. Dieudonné note aussi qu'il n'y a pas encore de biographie « sérieuse » de J. d'Alembert, ni d'ailleurs de celle de Poisson qui, en dehors des mathématiques, a joué ([229], 75) un rôle important dans la vie scientifique de son temps.

C.F. Gauss (1777-1855) est ([50], 5) pour J. Dieudonné « un des hommes les plus extraordinaires de tous les temps », et son œuvre est « un monument d'une ampleur et d'une richesse sans égales ».

Dans sa conférence de 1962 sur *L'œuvre mathématique de C.F. Gauss,* il prévient ses auditeurs de ne pas s'attendre de sa part à des « anecdotes » concernant la vie de Gauss. Lors de la préparation d'un colloque sur l'histoire des mathématiques à Poitiers en 1977, M. Raïs avait envoyé une lettre à quelques historiens des mathématiques, ainsi qu'à J. Dieudonné, dans laquelle il écrivait ([371], 2) :

> On pense bien sûr aux notices historiques de Bourbaki. D'où vient alors que la lecture de ces notices ne me procure aucune satisfaction ?
>
> J'ai envie de dire que ces notices ont deux défauts : le premier est d'être reléguées en fin des textes (elles sont donc superflues et ne sont pas envisagées comme partie intégrante d'un texte où on lit et apprend des mathématiques). Le deuxième est d'être trop abstraites ; on a l'impression qu'elles concernent les mathématiques et pas du tout les mathématiciens qui ont créé ou transmis les mathématiques.

Dans sa réponse, J. Dieudonné affirme d'abord ([371], 7) — avec quoi, il me semble, il n'était plus d'accord en 1987 si on se reporte à la phrase que j'ai mise en exergue de la troisième partie de ce travail — que l'histoire des mathématiques n'est « nullement nécessaire à un mathématicien à quelque niveau que ce soit », et il ajoute à propos de la façon de concevoir l'histoire des mathématiques ([371], 8) :

Il y a en fait deux pôles opposés : l'histoire anecdotique et l'histoire des idées, ainsi qu'éventuellement un mélange des deux dans des proportions variables. Vous avez bien vu que Bourbaki a opté sans réserve pour le second type : il nous semble entièrement dénué d'intérêt de savoir qu'Euler était borgne, que Gauss a eu sept enfants, que Riemann est mort de la tuberculose ou que Poincaré était le cousin du Président de la République.

Pour revenir à Gauss ([50], 6), si certains de ses successeurs « ont pu l'égaler sur certains points, du moins nul ne peut se targuer de l'avoir dépassé ». C'est ([50], 7) « le premier des mathématiciens modernes », et ([50], 18) « le flambeau qui a montré la route à des nombreuses générations de mathématiciens ».

En 1977, à l'occasion du bicentenaire de la naissance de Gauss, il a souligné ([124], 65) la vision « géométrique » de Gauss, qui « n'était pas inférieure à ses capacités en théorie des nombres et en analyse ». C'était « le premier mathématicien qui fut conscient que les idées et les méthodes géométriques » doivent avoir un champ d'applications plus vaste que celui de l'espace « euclidien » dans lequel on vit.

J. Dieudonné jugeait en 1968 ([77], t. III, 1087) que A.-L. Cauchy (1789-1857) a été « moins profond et moins universel que Gauss, Dirichlet, Abel ou Galois ».

Il suggère en 1984 ([281]) qu'il serait utile de tenter de voir clair dans les mémoires « désordonnés » de Cauchy sur la théorie des fonctions d'une variable complexe, publiés entre 1814 et 1850, et « de déterminer ce qu'ont pu comprendre ses contemporains de la démarche tortueuse de sa pensée ».

Probablement écrit en 1991, J. Dieudonné porte un jugement plus balancé sur l'immense œuvre mathématique de Cauchy ([197]) :

> On conçoit qu'une œuvre aussi imposante ait conféré à Cauchy la suprématie sur tous les mathématiciens français de son temps. Sans doute il est souvent prolixe et diffus, et on ne trouve pas chez lui les idées inattendues qui jaillissent parfois chez Gauss, Galois et Dirichlet, et qui renouvellent toute une théorie. Mais on ne peut qu'admirer la façon dont, devant un problème, il va droit à l'essentiel et ne se contente jamais de rai-

sonnements vagues ou imprécis. Son influence a été décisive dans la formation du style des mathématiques actuelles.

Il faut aussi souligner ([298], 17) le rôle capital de Cauchy dans la rénovation des fondements de l'analyse sans oublier celui, un peu souterrain, de B. Bolzano ([304], 61).

J. Dieudonné a tenté d'expliquer pourquoi les écrits de E. Galois (1811-1832) n'ont pas suscité aussitôt des recherches pour développer les idées qu'ils contenaient ([153], 40) :

> S'il n'en a rien été, c'est sans doute que le style de Galois, étonnamment « moderne » par l'absence complète de calculs explicites et qui nous paraît maintenant d'une parfaite limpidité dans sa concision, déroutait ses contemporains comme trop « abstrait ».

Toutefois, la théorie de Galois n'a cessé, indirectement, d'inspirer les mathématiciens au cours du XIXe siècle ([153], 42) :

> En donnant l'exemple d'une manière canonique d'associer, à des objets mathématiques d'une certaine nature, comme les corps, des objets d'une autre nature, comme les groupes, elle a servi de modèle dans des théories diverses (revêtements, équations différentielles algébriques, théorie des nombres algébriques), et il n'est peut-être pas exagéré d'y voir le premier exemple de la notion de *foncteur*.

J. Dieudonné considérait R. Dedekind (1831-1916) comme ([77], t. V, 373-374) « un des fondateurs de l'algèbre moderne », comme « le créateur de la géométrie algébrique actuelle », comme celui qui a eu le mérite, « tout autant » que Cantor, « de présenter toute la fécondité des méthodes fondées sur le maniement de la théorie des ensembles ». Il me disait en avril 1976 :

> Dedekind est le Bourbaki de l'époque.

A l'occasion du 150e anniversaire de la naissance de Dedekind, il affirme qu'il est « l'un des mathématiciens les plus originaux et les plus profonds de tous les temps ». Il caractérise de la manière suivante les idées de Cantor et de Dedekind sur la théorie des ensembles ([147]) :

Leurs conceptions du rôle des ensembles en mathématiques étaient et sont restées très différentes : on peut dire que Cantor s'intéresse à l'*anatomie* des ensembles, et Dedekin à leur *physiologie*. Cantor analyse la structure des ensembles sous divers points de vue, qu'il a puissamment contribué à démêler de la confusion qui régnait avant lui : cardinalité, ordre, mesure, topologie ; il rencontre ainsi toute une série d'objets mathématiques insolites, qui ont stupéfié les contemporains. Les ensembles de Dedekind, par contre, n'ont rien d'extraordinaire, ce sont le plus souvent de braves ensembles dénombrables sans particularité d'aucune sorte ; mais ce sont des objets qui *se combinent* entre eux de bien des manières, et sur lesquels on peut *calculer* comme sur des nombres.

C'est d'ailleurs Dedekind qui a appris « aux mathématiciens à traiter les ensembles comme des objets susceptibles d'être soumis à des *calculs* variés, ce qui a inauguré une ère nouvelle en mathématiques ».

Parmi les mathématiciens qui ont eu ([157], 620) « l'influence la plus profonde sur Bourbaki », on peut mentionner R. Dedekind, D. Hilbert, H. Poincaré et E. Cartan. Bien que ces mathématiciens diffèrent profondément entre eux, « ils avaient une philosophie de mathématiques en commun, à savoir essayer de résoudre les problèmes classiques par des méthodes nécessitant des concepts « abstraits » nouveaux », et cela était aussi « l'idée centrale de Bourbaki ».

N. Bourbaki a-t-il été moins intéressé par les notions introduites par Cantor ? Ce qui ne faisait pas de doute pour A. Denjoy écrivant à P. Lévy le 17 septembre 1965 ([346], 54) :

Vous considérez les notions de puissance, d'ordre, de transfini d'une part, celle de géométrie des ensembles cartésiens (spécialement linéaires) comme « bien connus ».

Je crois que les étudiants formés par Bourbaki les connaissent à peine, sinon pas du tout. Ce que nous savions tous il y a cinquante ans est aujourd'hui oublié. L'ensemble parfait classique de Cantor est presque universellement ignoré par des jeunes bourbakistes.

J. Dieudonné a publié les tomes I et II des *Œuvres* de C. Jordan (1838-1922) en 1961 et 1962. Il a rendu justice aux travaux de Jordan sur la théorie des groupes finis ([46], XVII) :

La théorie des groupes finis a été le sujet de prédilection de Jordan, et il n'a cessé de s'en occuper tout au long de sa carrière scientifique. Son œuvre dans ce domaine est immense par le volume comme par l'importance, et son influence sur les développements ultérieurs de la théorie ne peut guère se comparer qu'à celle des travaux de Galois lui-même.

De plus, la théorie des groupes est passée, grâce au *Traité des substitutions* de C. Jordan, de l'enfance au « rang de discipline autonome ». B.L. van der Waerden a souligné ([385], 118), en particulier, dans *A history of algebra,* l'« excellent commentaire » de J. Dieudonné de la théorie de Galois et des groupes de substitutions.

G. Hirsch écrivait à J. Dieudonné le 8 février 1986 à propos du concept de groupe fondamental introduit ([192], 295) par H. Poincaré en 1883 :

> Dans son article de 1866 (*Contours tracés sur les surfaces*), Jordan,en introduisant des générateurs (et une notation avec des exposants), était vraiment tout près de la notion de groupe fondamental.

La comparaison par J. Dieudonné des travaux de C.F. Gauss avec ceux de H. Poincaré (1854-1912) est vraiment saisissante et montre son art du raccourci ([90], t. XI, 51-52) :

> Le développement des mathématiques au XIXᵉ siècle a commencé à l'ombre d'un géant : Carl Friedrich Gauss ; il s'est terminé avec la domination d'un génie de pareille grandeur : Henri Poincaré. Tous deux étaient des mathématiciens universels au suprême degré et tous deux ont apporté des contributions importantes à l'astronomie et à la physique mathématique. Si les découvertes de Poincaré en théorie des nombres n'égalent pas celles de Gauss, ses accomplissements en théorie des fonctions sont au moins du même niveau, même si l'on tient compte de la théorie des fonctions elliptiques et modulaires qu'on doit attribuer à Gauss et qui représente dans ce domaine sa découverte la plus importante, bien qu'elle ne fut pas publiée de son vivant. Si Gauss était l'initiateur de la théorie des variétés différentiables, Poincaré a joué le même rôle en topologie algébrique. Enfin, Poincaré reste le personnage le plus important en théorie des équations différentielles et le mathématicien qui a

fait l'œuvre la plus importante, après Newton, en mécanique céleste

J. Dieudonné m'écrivait le 5 avril 1984 à propos des lettres de G. Brunel, à H. Poincaré ([370], t. VII, 91-100), qui se trouvait en juin et juillet 1881 à Leipzig auprès de F. Klein :

> Les lettres de Brunel sont amusantes et valent la peine d'être publiées pour faire revivre l'atmosphère où Klein régnait en « pontife » et ses prétentions ridicules à être considéré comme le « co-découvreur » des fonctions fuchsiennes ; Brunel s'était bien rendu compte qu'il n'y avait absolument rien dans les travaux de Klein publiés à cette époque qui aille plus loin que la théorie des fonctions modulaires. Mais ce que ni Klein ni lui (ni bien entendu Fuchs) n'avaient compris, c'était le trait de génie de Poincaré de faire intervenir la géométrie non euclidienne.

Encore en 1987, il résumera de façon frappante l'apport de Poincaré à la topologie algébrique ([182], 41) :

> Au fur et à mesure que son génie universel abordait les problèmes les plus divers de l'analyse, il y prenait conscience, beaucoup plus clairement que ses contemporains, du rôle dominant qu'y jouaient, de multiple façon, les notions topologiques. C'est ce qui l'amena à créer de toutes pièces, aux envrions de 1900, une branche entièrement nouvelle des mathématiques, la topologie algébrique, destinée à présenter de façon générale et rigoureuse les idées intuitives de Riemann sur les surfaces, et à les étendre aux espaces de dimension quelconque. Le développement explosif de ces idées au cours du 20e siècle — peut-être le plus important événement en mathématiques durant cette période — a justifié, au-delà de tout ce qu'il pouvait rêver, la vision de Poincaré ; et ce sont les outils qu'il avait forgés qui, à travers bien des métamorphoses, sont toujours à la base de cette immense théorie. Mais, sans doute pressé par le torrent de son imagination créatrice, Poincaré n'accorda pas une attention suffisante aux techniques de démonstration nécessaires pour mettre en œuvre ces nouveaux outils et leur donner le caractère de la « rigueur weierstrassienne » universellement acceptée en analyse ; il fallut une trentaine d'années à ses successeurs pour mener à bien le programme qu'il avait tracé, et rendre convaincantes les preuves qu'il avait seulement esquissées.

Poincaré écrivait en 1890 à propos de la rigueur ([368], 32) :

> Il me semble souvent qu'il n'y a pas lieu de la rechercher si on doit la payer de trop d'efforts.

Quant à R. Thom, je l'ai entendu dire en décembre 1982 :

> La rigueur, comme l'intendance, elle suit toujours.

Mais d'autre mathématiciens aussi n'avaient pas le fétichisme de la rigueur. Ainsi C. Hermite écrivait à A. Genocchi le 31 octobre 1884 ([234], 389) :

> Je juge que ce serait faire perdre leur temps à mes élèves, et quel que soit l'honneur dû à la rigueur, en âme et conscience, j'irais de l'avant, et pour rien au monde je ne consacrerai de longues heures à établir que
>
> $$\frac{d^2u}{dx\,dy} = \frac{d^2u}{dy\,dx} ,$$
>
> et autres belles et grandes choses du même genre.

J. Dieudonné remarque ([182], 40) à propos des différentes théories de nombres réels élaborées par K. Weierstrass ([293], 67-74), C. Méray ([292], 339-344), G. Cantor ([305], 271-272) et R. Dedekind ([295], 35-62) :

> Elles illustrent la notion fondamentale d'*isomorphisme* qui se dégageait alors dans diverses branches des mathématiques, et que Poincaré formule avec une parfaite netteté : « Les mathématiciens », écrit-il, « n'étudient pas des objets mais des relations entre les objets ; il leur est donc indifférent de remplacer ces objets par d'autres, pourvu que les relations ne changent pas. La matière ne leur importe pas, la forme seule les intéresse. » (*La science et l'hypothèse*, p. 32, Paris, Flammarion, 1902). Il reprenait (sans doute sans le savoir) ce qu'avait déjà dit Gauss presque un siècle auparavant : « Le mathématicien fait complètement abstraction de la nature des objets et de la signification de leurs relations. Il n'a qu'à énumérer ces relations et les comparer entre elles » (*Werke*, t. II, p. 176).

L'article sur D. Hilbert (1862-1943), paru en 1948, nous donne quelques clés permettant de comprendre la conception des mathématiques et d'histoire des mathématiques de J. Dieudonné ([28], 291) :

> Il apparaît, de temps à autres, des hommes en qui la profondeur de la pensée s'allie à une universalité sans égale ; il semble qu'ils ne puissent aborder un problème sans l'éclairer aussitôt d'un jour nouveau, et l'éclat de leurs découvertes leur confère vite une primauté intellectuelle reconnue de tous. Après Gauss, le *princeps mathematicorum* par excellence, Riemann puis Poincaré avaient connu cette suprématie ; depuis la mort de Poincaré, c'est à David Hilbert qu'était revenu, de consentement presque unanime, le sceptre des mathématiques.

Ce qui est frappant dans ses travaux ([28], 292) « c'est la pure beauté de leur grandiose architecture » et « une satisfaction esthétique » profonde « se dégage de la parfaite harmonie entre le but poursuivi et les moyens mis en œuvre pour y parvenir ». De plus, ces moyens sont « le plus souvent d'une déconcertante simplicité ». Hilbert est parvenu à ses grandes découvertes en revenant « à l'origine de la question traitée », en dégageant « de la gangue, où nul n'avait su les voir, les principes fondamentaux » qui conduisent à la solution.

Mais pour J. Dieudonné ([28], 297) le plus grand mérite de D. Hilbert est d'avoir « appris aux mathématiciens à *penser axiomatiquement* », et la conclusion de son article est encore une profession de foi :

> On ne compte plus les résultats nouveaux et importants auxquels a conduit l'application de cette doctrine, et qui en ont assuré le triomphe ; mais, plus que son utilité immédiate, on peut dire que c'est par son attrait esthétique et même en quelque sorte moral, qu'elle a conquis la plupart des jeunes mathématiciens ; par son besoin ardent de *comprendre,* sa probité intellectuelle toujours plus exigeante, par son aspiration inlassable à une science toujours plus une, plus pure et plus dépouillée, Hilbert a vraiment incarné, pour la génération de l'« entre-deux-guerres », l'idéal du mathématicien.

C'est d'ailleurs ([182], 43) le modèle axiomatique que Hilbert a donné à la géométrie qui « s'est étendu à toutes les mathématiques de la première moitié du XXᵉ siècle ».

J. Dieudonné a aussi mis en évidence l'influence de H. Minkowski (1864-1909), ami de Hilbert, sur le développement des espaces normés ([90], t. IX, 414) :

> Longtemps avant que la conception moderne des espaces métriques soit inventée, Minkowski avait pris conscience que les convexes symétriques, dans un espace de dimension $n$, définissent une nouvelle notion de « distance » dans cet espace et, donc, une « géométrie » correspondante. Ses idées ont ainsi frayé la voie aux fondateurs de la théorie des espaces normés dans les années 20 et sont devenues la base de l'analyse fonctionnelle moderne.

Lorsqu'il décrivait la situation mathématique en France au moment où les chercheurs de sa génération commençaient à travailler, J. Dieudonné note ([83], 14) qu'il n'y avait que Élie Cartan (1869-1951) — qui était « 20 ans en avance sur son temps » et qui « n'était compris par strictement personne » — qui ne faisait pas de la théorie des fonctions initiée par E. Borel, R. Baire ([294], 314-339) et H. Lebesgue.

D'ailleurs, le premier « qui l'ait compris après Poincaré fut Hermann Weyl et, pendant 10 ans, il est resté seul à comprendre E. Cartan ».

Dans son article de 1971, il écrit ([90], t. III, 95) :

> Cartan a été le mathématicien le plus profond de ces cent dernières années et son influence est encore une des plus déterminantes dans le développement des mathématiques modernes.

Quant à ses méthodes en théorie des systèmes différentiels, elles sont « peut-être son œuvre la plus profonde ». Il a, de plus ([90], t. III, 96), donné une nouvelle impulsion à la géométrie différentielle. A part Poincaré et Hilbert, « personne d'autre n'a fait autant pour donner aux mathématiques d'aujourd'hui leur forme ».

C'est avec le recul du temps ([274]) qu'on apprécie mieux l'importance de l'œuvre de H. Lebesgue (1875-1941) « qui, avec celle de É. Borel et R. Baire, ouvre la voie à l'analyse du XXe siècle ». Mais son apport le plus important c'est la théorie de l'intégration :

Il avait aussi, dès sa thèse, mis en relief, avec une singulière lucidité, les propriétés essentielles que toute notion d'intégrale digne de ce nom doit posséder ; et toutes les extensions de son intégrale à des fonctions définies sur des espaces de plus en plus généraux ont suivi fidèlement le programme tracé par lui.

Pourtant, il n'avait pas « le sens de l'algèbre » ; c'est « ce qui lui a manqué pour être un mathématicien complet à l'instar de Jordan, Hermite, Poincaré ou Hilbert ».

Il m'écrivait le 15 février 1976 sur l'époque où fut créée la théorie des fonctions de variable réelle :

> Toute l'histoire de cette période est bien intéressante, et illustre à merveille la façon dont l'optique peut changer en moins d'un siècle. Il était nécessaire d'explorer en profondeur les propriétés topologiques des fonctions de variable réelle, et on ne peut qu'admirer l'ingéniosité et l'originalité dont ont fait preuve Baire, Borel, Lebesgue et Denjoy pour défricher ce domaine alors totalement inexploré. Mais avec le recul du temps il est bien clair aujourd'hui que la plus grande partie de ces travaux n'a abouti qu'à une impasse ; il en reste essentiellement le « théorème de Baire » et l'intégrale de Lebesgue, deux outils fondamentaux de toute l'analyse ; mais tout le reste, pour le moment au moins, est à ranger dans les pièces de musée ; je n'ai jamais vu de problème (non fabriqué *ad hoc*) où le fameux théorème sur les fonctions « ponctuellement discontinues » intervienne quelque part.

R. Baire avait introduit en 1898 sa fameuse classification des fonctions : la classe 0 étant formée de fonctions continues, la classe 1 de fonctions discontinues limites de fonctions continues et la classe $n$ de fonctions limites de fonctions de classes 0, 1, ..., $n$-1 et n'appartenant pas à l'une de ces classes. Le théorème sur les fonctions « ponctuellement discontinues » est la condition nécessaire et suffisante pour qu'une fonction appartienne à la classe 1.

Le jugement de J. Dieudonné sur M. Fréchet (1878-1973) a varié dans le temps. Il me disait en juin 1974 que Fréchet avait publié en 1928 un livre ([314]) sur la topologie générale où l'on trouve 50 définitions différentes d'espaces topologiques. Mais en avril 1976 il m'a déclaré qu'il faisait « amende honorable » pour Fréchet, à la suite de la relecture de sa thèse ([312]), et il ajoutait :

> Le mérite de Fréchet est d'avoir trouvé le bon cadre.

En 1979, il écrivait ([133], 23) que la première conception de topologie générale se trouve dans la thèse de Fréchet de 1906 qui montre, en particulier, par de nombreux exemples, qu'un même ensemble peut être muni de plusieurs distances qui ne sont pas « équivalentes topologiquement ».

En 1915, M. Fréchet introduit ([313]) la structure d'« espace mesuré », non muni d'une topologie, qui « allait servir de base à l'axiomatisation du calcul des probabilités » accomplie par Kolmogorov en 1933.

J. Dieudonné avait beaucoup d'admiration pour H. Weyl (1885-1955), l'élève le plus doué de Hilbert ([90], t. XIV, 281) :

> Weyl est arrivé à Göttingen dans la période où Hilbert était en train de créer la théorie spectrale d'opérateurs auto-adjoints, et la théorie spectrale et l'analyse harmonique furent centrales dans sa recherche mathématique tout au long de sa vie. Toutefois, il a élargi considérablement le champ de ses intérêts incluant des domaines de mathématiques dans lesquels Hilbert n'avait jamais pénétré, tels que la théorie des groupes de Lie et la théorie analytique des nombres, devenant ainsi un des mathématiciens les plus universels de sa génération. Il a aussi joué un rôle important dans le développement de la physique mathématique.

Son « résultat le plus profond », publié en 1916, est ([90], t. XIV, 282) la démonstration de la distribution uniforme de la suite *(P(n))*, où *P* est un polynôme de degré quelconque dont le coefficient dominant est irrationnel.

Quant à P. Lévy (1886-1971), il est ([94], 140), avec A.N. Kolmogorov, « universellement considéré comme un des fondateurs du calcul des probabilités moderne ». Son élève, M. Loève, professeur à l'Université de Californie à Berkeley, a fait « de cette Université un des centres mondiaux » pour l'étude du calcul des probabilités :

> Après la seconde guerre mondiale, Paul Lévy y fit plusieurs

séjours, pendant lesquels il put constater l'intérêt et l'admiration que suscitaient ses mémoires, dont presque chacun était le point de départ de nouveaux travaux des jeunes probabilistes américains.

Mais c'est C.L. Siegel (1896-1981) qui est « l'un des mathématiciens les plus éminents » du XXᵉ siècle ([158], 63) :

> La rénommée universelle de Siegel est surtout due à ses travaux de théorie des nombres, où il s'inscrit dans la grande lignée qui commence avec Fermat et se poursuit avec Euler, Lagrange, Gauss et les brillantes écoles allemande et française du XIXᵉ siècle. Mais on lui doit aussi d'importants résultats en théorie des fonctions de plusieurs variables complexes et en mécanique céleste ; il est d'ailleurs frappant que tous ses mémoires de théorie des nombres reposent sur un maniement de l'analyse mathématique d'une profondeur et d'une virtuosité incomparables. Ses démonstrations se caractérisent par une puissance impressionnante : une fois en possession d'une idée, Siegel la développe jusqu'au bout, quel que soit le maquis de formules ou de difficultés techniques qu'il rencontre sur son chemin. De ce fait, un mémoire de Siegel est difficilement améliorable par la méthode même de Siegel (ce qui explique qu'il ait eu peu d'élèves directs) ; pour aller plus loin, il faut procéder autrement. Il se dégage de son œuvre un souci constant de perfection : tous les énoncés arithmétiques sont poussés jusqu'à leurs conclusions numériques, avec de nombreux exemples qui les vérifient.

Cette notice de J. Dieudonné sur Siegel est inspirée par les lettres très pénétrantes de J.-P. Serre des 30 novembre 1981 et 5 octobre 1982. La lettre de J.-P. Serre du 3 janvier 1983 contient plusieurs commentaires très intéressants sur ce texte, en particulier sur les résultats mathématiques effectifs ou non.

Le jugement que porte ([90], t. XIV, 89) J. Dieudonné sur J. von Neumann (1903-1957), « un grand mathématicien qui était à l'aise aussi bien en mathématiques pures qu'en mathématiques appliquées », est peut-être un peu abrupt :

> Malgré son contenu encyclopédique, l'œuvre de von Neumann en mathématiques pures a certainement une portée moindre que celles de Poincaré et Hilbert, ou même celle de

H. Weyl. Son génie réside en analyse et en combinatoire, la dernière étant comprise dans un sens très large, incluant une habileté exceptionnelle à organiser et à axiomatiser des situations complexes telles que celles de la mécanique quantique et la théorie des jeux.

J. von Neumann a été ([90], t. XIV, 90) pendant vingt ans « le maître incontesté » de la théorie spectrale des opérateurs dans les espaces de Hilbert, qui contient « sa création la plus profonde et la plus originale : la théorie des anneaux d'opérateurs ».

J. Dieudonné a émis ensuite un jugement plus nuancé sur les résultats de J. von Neumann ([276], 14) :

> Avec H. Weyl et J. von Neumann (entre lesquels il s'insère chronologiquement à égale distance), N. Wiener complète la trinité de grands mathématiciens de la première moitié du XXᵉ siècle qui, suivant le modèle de leurs illustres prédécesseurs classiques, ont trouvé une bonne part de leur inspiration dans l'analyse des phénomènes de la physique ou de la mécanique. Cette similitude de tempéraments entre ces trois hommes se manifeste d'ailleurs à d'autres égards, comme par exemple leur commun intérêt pour les questions de logique ou de « fondements ». Ils fournissent aussi, avec Hilbert et F. Riesz, les premiers exemples historiques d'admirables résultats que donne l'alliance d'une souveraine maîtrise de toutes les techniques de l'analyse classique et d'une claire conscience de ce que peuvent apporter les puissants outils de l'analyse fonctionnelle abstraite.

C. Chevalley (1909-1984) a été ([175]) « l'un des plus éminents mathématiciens du XXᵉ siècle », et qui « s'inscrit dans la grande lignée » des élèves de l'École Normalee Supérieure qui, avant 1890, comprenait Galois (1829), Darboux (1861), E. Picard (1874), Painlevé (1883), Hadamard (1884), E. Cartan (1888) et E. Borel (1889).

Mais la situation mathématique en France au moment où C. Chevalley était à l'École n'était guère bonne :

> En topologie algébrique, en théorie des groupes (créations françaises toutes deux), en géométrie algébrique, en théorie des nombres et en logique mathématique, toutes en plein essor à l'étranger, rien de ce qui se faisait n'était diffusé en France, à

part quelques bribes au Séminaire Hadamard au Collège de France (l'unique Séminaire mathématique à l'époque) ; j'y rencontrais régulièrement Herbrand et Chevalley, que les cours de la Sorbonne n'intéressaient guère.

D.E. Menchov est certainement très incomplet dans sa description du Séminaire Hadamard dans ses *Impressions sur un voyage à Paris en 1927* ([358], 55) :

> Je suivis régulièrement le célèbre Séminaire de J. Hadamard au Collège de France. Là on faisait des exposés sur les questions les plus diverses des mathématiques et de leurs applications, dont on discutait ensuite. Par exemple, un chercheur français y a fait une communication sur les travaux de E. Schrödinger en mécanique quantique. Personnellement, je fis deux exposés sur mes travaux dans ce Séminaire — sur la théorie des représentations conformes et sur la théorie des séries orthogonales. Je me rendis compte, à cette occasion, qu'Hadamard connaissait mal la théorie des fonctions moderne : il me demanda de rappeler la définition de la mesure d'un ensemble. Il ne faut pas faire de reproche à Hadamard pour cela, il avait alors 62 ans, et il continuait les travaux scientifiques dans les domaines classiques de l'analyse qu'il avait choisi avant.

A Weil écrit en 1980, dans les commentaires de ses travaux qui, à mon avis, sont d'une valeur inestimable, sur le Séminaire Hadamard à propos de sa note de 1926 *Sur les surfaces à courbure négative* ([390], 522) :

> Cette note fut suggérée par un exposé entendu au Séminaire Hadamard au Collège de France ; je suis heureux de trouver là une occasion, ou du moins un prétexte, pour dire quelques mots de ce Séminaire auquel je dois une si grande part de ma formation mathématique.
>
> Quand j'étais normalien, et bien des années après, il n'y avait pas d'autre « séminaire » à Paris, en mathématique du moins, que celui d'Hadamard au Collège de France, intitulé simplement, je crois, « Analyse de mémoires », et consacré en principe, mais sans exclusivité, aux publications récentes. Les exposés étaient répartis en début d'année par Hadamard qui pour cela réunissait ses collaborateurs chez lui, dans le bureau-

bibliothèque de sa maison rue Jean Dolent. Le choix des sujets était des plus éclectiques, le désir d'Hadamard étant que son séminaire offrît un panorama le plus étendu possible des mathématiques contemporaines. Aux séances du séminaire, qui en ce temps était hebdomadaires, c'était pour Hadamard qu'on parlait ; il comprenait tout, pourvu que ce fût bien expliqué. Au besoin, il intervenait pour réclamer des éclaircissements, souvent aussi pour en fournir lui-même à l'auditoire. Quiconque faisait l'exposé, jeune débutant ou mathématicien chevronné, était traité en égal ; jamais Hadamard ne semblait conscient de sa supériorité ; mais il arrivait souvent qu'il y eût plus à apprendre de ses commentaires que de l'exposé même. Je n'ai rencontré nulle part ailleurs l'équivalent de cette institution qui a joué un si grand rôle dans mon éducation mathématique, et, je pense, dans celle de mes contemporains.

Le Séminaire Hadamard prit fin en 1933 et il fut repris ([175]), « sous une forme un peu différente », par G. Julia, dans son Séminaire animé par A. Weil, C. Chevalley et des anciens élèves de l'École Normale, « décidés à aller de l'avant dans la recherche, sans trop se soucier de l'approbation des « pontifes » de l'époque ».

### 3.10. « PERSONNE D'AUTRE N'AURAIT FAIT » CE LIVRE QUI EST « UNE MINE D'OR » (H. FREUDENTHAL).

Avant d'aborder le monumental ouvrage de J. Dieudonné *A history of algebraic and differential topology, 1900-1960,* je voudrais mentionner son article sur *Les travaux de Guy Hirsch en topologie,* dont les principales recherches ont porté sur l'homologie des espaces fibrés ([180], 3) :

> L'intérêt de l'étude de ces espaces était apparu dans la période 1930-1940, en liaison, d'une part, avec la théorie des champs de vecteurs tangents sur une variété différentielle, et d'autre part avec la théorie des « espaces généralisés » d'Elie Cartan, qui allaient donner naissance à une notion devenue fondamentale à l'heure actuelle, celle de *connexion.*

Dans sa lettre du 8 février 1986, G. Hirsch écrit à propos de la transgression :

> Pour ce qui concerne la transgression, je crois qu'elle est incontestablement due (en homologie) à Hopf, avec ce qu'on a appelé l'invariant de Hopf (*Über die Abbildung der S³ auf die S²*, Math. Ann., 104 (1931), ou *Selecta* p. 38). Hopf la fit ensuite traduire en cohomologie de Gysin, mais — comme je l'appris à Zurich en janvier 1946, lors de mon premier entretien avec Hopf depuis 1939 — il n'avait pas vu le lien (que je mentionne en passant dans mon article de la *Soc. des sc. de Liège*, mars 1941) avec les classes caractéristiques et le premier obstacle à la construction d'une section (bien que la relation entre l'obstacle et l'invariant de Hopf soit facile à voir). Je pense que ceci s'explique parce que, à mon avis (et comme le montrent son traitement des bigèbres ou sa façon de faire apparaître des homomorphismes contravariants), Hopf était plus géomètre qu'algébriste (bien qu'il fut apparemment assez surpris quand je le lui ai dit, en 1967, lors d'une de ses dernières visites à Bruxelles), et il faut reconnaître que, géométriquement (et surtout dans un complexe simplicial) un cocycle ou un cobord, ça n'est vraiment pas très joli !

Dans sa réponse du 18 février 1986, J. Dieudonné trouve « abusif » d'attribuer la transgression à Hopf et à Gysin.

Voici ce que disait J. Dieudonné sur le livre qu'il était en train d'écrire sur l'histoire de la topologie algébrique ([379], 102) :

> Avant Poincaré, on ne disposait que de quelques idées vagues, dépourvues de démonstration, mais à partir de 1900, grâce à lui, la topologie algébrique fit de rapides progrès. Après lui, jusqu'en 1945, les principaux résultats dans ce domaine ont été obtenus à l'étranger, mais entre 1945 et 1955 les progrès les plus remarquables sont dus à des mathématiciens français, Jean Leray, Henri Cartan, Jean-Pierre Serre et René Thom (ces deux derniers ont reçu la médaille Fields, le prix Nobel des mathématiciens, pour leurs travaux). Je crois que mon livre s'arrêtera aux environs de 1960 : après cette date, en effet, le sujet devient trop vaste. Il convient de préciser qu'un recul d'une vingtaine d'années est nécessaire pour juger de l'importance d'un travail :

bien souvent, des recherches que l'on croyait capitales au moment où elles étaient menées se sont révélées secondaires, tandis que des découvertes auxquelles on attachait peu d'intérêt sont devenues fondamentales.

C'est en 1989 que paraît l'histoire de la topologie algébrique et de la topologie différentielle qui est son chef-d'œuvre et qui nourrira les historiens des mathématiques du XXIe siècle. Il me disait en mars 1988 qu'il avait mis cinq ans et demi pour écrire ce livre et il a ajouté :

> Je ne fais plus rien.

Dans sa préface ([192], V) il fait un résumé du développement de ces théories :

> Bien que les concepts que nous considérons maintenant comme une partie de la topologie aient été formulés et utilisés par des mathématiciens du dix-neuvième siècle (en particulier par Riemann, Klein et Poincaré), la topologie algébrique comme une partie des mathématiques rigoureuses (c'est-à-dire avec des définitions précises et des démonstrations correctes) a commencé seulement en 1900. Au début, la topologie algébrique s'est développée très lentement et elle n'a pas attiré beaucoup de mathématiciens ; jusqu'en 1920, ses applications aux autres parties des mathématiques ont été très rares (et souvent faibles). Cette situation a changé graduellement avec l'introduction d'outils algébriques puissants, et la vision de Poincaré du rôle fondamental que la topologie devait jouer dans toutes les mathématiques a commencé à se réaliser. Depuis 1940, le développement de la topologie algébrique et différentielle a été exponentiel et il ne montre pas de signes de ralentissement.

Ce que J. Dieudonné a essayé de faire, c'est « de concentrer l'histoire sur l'émergence des idées et des méthodes ouvrant de nouveaux champs de recherche ». Il souligne ([192], 60) qu'en topologie différentielle la démonstration de la plupart des résultats fondamentaux a été « l'œuvre d'un seul homme », H. Whitney.

Il met également en valeur ([192], 97-98) l'importance des notions de foncteur et de catégorie introduites par Eilenberg et

Mac Lane en 1942 et 1945, idées qui n'étaient pas, comme eux-mêmes les avaient appelées *abstract non sens* (« purement ver-bales »), mais ont eu des applications en topologie algébrique.

J. Dieudonné avait émis des réserves ([84], XIII-XIV) en 1970 sur l'ambition de S. Mac Lane et G. Birkhoff d'attacher le plus d'importance dans leur *Algèbre* aux notions de catégorie et de foncteur, et il doutait « qu'une véritable « théorie des catégo-ries », comparable à l'analyse et à la topologie, devienne jamais une partie centrale des mathématiques ».

Toutefois, il reconnaissait ([133], 24) en 1979 « l'enrichisse-ment considérable qu'a reçu la notion de structure mathéma-tique grâce à la théorie des catégories et des foncteurs ».

A L. Corry, qui avait affirmé dans sa lettre du 12 août 1985 que la théorie des catégories était « sans intérêt » pour N. Bour-baki, J. Dieudonné répond le 7 septembre que Bourbaki n'avait « la moindre hostilité envers les catégories », mais que dans les livres déjà publiés, ou en train d'être écrits, « la théorie des caté-gories nous semble plus un langage qui n'apporte aucun *outil* nouveau (même en algèbre homologique) ».

Dans son ouvrage J. Dieudonné fait ressortir ([192], 123) l'importance des notions de faisceau et de suite spectrale intro-duites par J. Leray en 1946 :

> Il est difficile d'exagérer l'importance de ces concepts qui sont devenus très rapidement non seulement des outils puis-sants en topologie algébrique, mais se sont étendus à beaucoup d'autres parties des mathématiques, dont certaines semblaient très éloignées de la topologie, telles que la géométrie algé-brique, la théorie des nombres et la logique mathématique. Ces applications sont allées certainement bien au-delà des rêves les plus fous de l'inventeur de ces notions et elles se placent sans aucun doute au même niveau en histoire des mathématiques que les méthodes de Poincaré ou de Brouwer.

Il avait déjà décrit en 1979 ([133], 24) le « tournant inat-tendu » pris par la théorie des variétés différentielles grâce à l'introduction de la notion de faisceau.

Dans la deuxième partie du livre, *The first applications of simplicial methods and of homology,* J. Dieudonné met en valeur les résultats de Brouwer obtenus entre 1910 et 1912, qui « font l'époque » et qui « à juste titre peuvent être dits la *première démonstration* en topologie algébrique ».

Quant à l'homologie généralisée et à la cohomologie ([192], 611), elles ont fourni « une multitude de nouveaux outils, construits sur le modèle des théories classiques », et ces outils ont montré leur valeur dans « le progrès ininterrompu » fait par la topologie algébrique et la topologie différentielle depuis 1960.

S. Mac Lane, qui n'a pas été souvent d'accord avec J. Dieudonné, écrit à propos de cet ouvrage ([353]) :

> Auparavant, l'histoire de beaucoup de développements scientifique des mathématiques du XX$^e$ siècle semblait présenter des obstacles insurmontables pour la science. Ce livre montre, dans le cas de la topologie, comment ces obstacles peuvent être surmontés tout en les expliquant.

Il conclut son compte rendu en soulignant que le domaine considéré est étudié de façon « magnifique » et conseille aux lecteurs :

> Lisez-le.

H. Freudenthal a analysé ([318], 217) dans un long article cet « ouvrage impressionnant » et « unique à bien des égards ». Ce mathématicien qui a joué un rôle important dans le développement de la topologie, et qui est aussi un historien des mathématiques de premier ordre, affirme que ce livre a été écrit « par un spécialiste presque universel » et « un mathématicien éminemment créatif ». Il doute ([318], 218) « si dans le futur quelqu'un aura le courage d'écrire quelque chose du même genre ». Cet écrit ([318], 231) est « une mine d'or ».

J. Leray, dans une lettre à J.-P. Pier du 18 janvier 1991, qualifie cet ouvrage d'« admirable ».

# 4

# CE QU'IL PENSAIT,
# CE QU'IL AIMAIT

> Comme les premiers martyrs, ils *témoignent* avec leur vie au nom de la liberté, de la justice et de la vérité.
>
> J. DIEUDONNÉ.

## 4.1. DROITS DE L'HOMME ET POLITIQUE

Lorsqu'il était à l'École Normale Supérieure — et comme avant la guerre il avait souvent des discussions avec son père défendant les défavorisés contre les privilégiés — il est possible qu'alors il n'était pas loin de la position de Raymond Aron son condisciple à l'École ([222 a], 54) :

> A l'époque, comme la plupart des normaliens non catholiques, j'inclinais à gauche.

R. Godement adresse à J. Dieudonné, avec sa lettre du 19 décembre 1973, un document dans lequel il prend à partie J. Dieudonné, avec d'autres mathématiciens, sur l'absence des mathématiciens soviétiques[1] au Congrès international des

1. Empêchés par leur gouvernement de s'y rendre.

mathématiciens qui s'est tenu à Nice. Dans ce dossier, que j'ai trouvé dans les papiers laissés par J. Dieudonné, figure une réponse intéressante de J.-P. Serre à R. Godement du 1er janvier 1974.

Dans sa lettre, R. Godement signale à J. Dieudonné, « un peu tard », qu'il n'avait pas « beaucoup apprécié » la lettre que celui-ci avait adressée à la rédaction des *Notices of the American Mathematical Society*, et qu'il avait « également trouvé stupide (et odieuse) » une déclaration de O. Zariski.

De quoi s'agissait-il ? La revue *Notices* avait publié dans son fascicule d'octobre 1970 une lettre de O. Zariski, alors président de l'*American Mathematical Society*, du 27 juillet 1970, adressée *To the members of Council and the Board of trustees of the American Mathematical Society*, à propos du souhait d'une partie importante des membres pour que la Société prenne position contre l'intervention américaine au Vietnam. O. Zariski y affirme ([393], 870) que « la seule chose que les membres de la Société ont en commun c'est qu'ils sont mathématiciens ».

B. Epstein, bien que très violemment opposé à l'intervention américaine, approuve la lettre de O. Zariski ([307], 344) :

> Mathématiciens (ou chimistes ou musicologues) doivent agir selon leurs convictions politiques en tant que membres de leur communauté de pensée et non par l'intermédiaire de leurs sociétés professionnelles.

J. Dieudonné, d'accord ([272]) avec la position de B. Epstein, écrit que c'est « le bon sens lui-même » et il critique « la confusion mentale sans espoir » qui semble prévaloir chez certains membres de la Société. D'ailleurs, une prise de position par la Société mettrait les membres étrangers « dans une situation embarrassante ».

Voici sa réponse à la lettre de R. Godement :

> Je crois que tu n'as pas compris (ou feint de ne pas comprendre) ce que Zariski et moi-même avons voulu dire. En premier lieu, il ne s'agit aucunement de la guerre du Vietnam ni d'ailleurs d'aucun fait politique, mais bien d'une question de principe, appuyée sur ce que nous appelions autrefois le bon sens. Les opinions que tu professes, avec beaucoup d'autres,

sur ce qu'est le devoir d'un mathématicien devant certains événements politiques, sont tout à fait respectables et comme aux USA (et même en France) le délit d'opinion n'existe pas, il n'y a rien qui vous empêche de faire connaître de façon aussi large que possible vos idées par tous les moyens de diffusion possibles (tu te souviens par exemple des pages entières de journaux louées pour la propagande à cet effet) ; je trouve même tout à fait normal que vous profitiez de réunions de sociétés ou colloques mathématiques pour y tenir des conférences (de presse ou autres) pour chercher à influencer ceux qui ne connaissent pas ou qui ne partagent pas vos idées, parmi vos collègues. Ce qui est par contre de la confusion mentale flagrante, c'est de vouloir que, parce qu'une majorité de membres de la AMS partage certaines opinions, la société prenne position *en tant que personne morale* et soutienne publiquement cette opinion ; et la raison est exactement celle que donne Zariski. Lorsque des gens se groupent en parti politique ou une association analogue, c'est qu'ils partagent à peu de choses près des idées politiques communes ; il est donc normal que lorsqu'après discussion leur parti prend officiellement position sur une question, ils soutiennent cette position sans réserve. Par contre, lorsqu'un mathématicien devient membre d'une société mathématique, c'est uniquement pour pouvoir plus aisément communiquer avec ces collègues sur des sujets de sa profession.

P. Samuel a protesté en 1993 ([377]) dans *Notices* contre les lettres portant « sur les travaux non mathématiques » de I.R. Chafarevitch.

*Le Monde* du 25 octobre 1979 a relaté le voyage mouvementé de J. Dieudonné à Prague, avec d'autres personnalités françaises, pour « exprimer leur solidarité » avec les intellectuels qui étaient jugés pour leurs opinions, et plaider leur cause auprès des autorités communistes tchécoslovaques. Arrivés dans le courant de la matinée, ils furent embarqués vers minuit dans un autobus et laissés dans le *no man's land* à la frontière germano-tchécoslovaque au milieu d'une forêt.

Dans la conférence de presse donnée à Paris après ce retour précipité, J. Dieudonné conclut ainsi sa déclaration :

Je ne voudrais pas terminer avant de vous dire avec insistance notre admiration sans limites pour ces hommes et femmes dont l'abnégation et l'héroïsme devant la répression impitoyable dont ils sont l'objet sont vraiment extraordinaires ; comme les premiers martyrs, ils *témoignent* avec leur vie au nom de la liberté, de la justice et de la vérité.

J. Dieudonné, qui n'était pas unidimensionnel dans les questions des droits de l'homme, est intervenu aussi ([239], 10) en faveur du mathématicien uruguayen J.-L. Massera, « membre important du Parti communiste », allant « jusqu'à faire à ses frais le voyage de Montevideo », où il a rencontré l'avocat de Massera. Si finalement Massera fut libéré en 1984, « on peut dire que Jean Dieudonné, passionné de justice, y aura pris sa part ».

Quant à la politique politicienne, il déclarait en 1990 ([379], 105) qu'elle ne l'intéressait « pas du tout, à cause de ses petitesses et de ses intrigues ».

## 4.2. GASTRONOMIE ET MUSIQUE

J. Dieudonné était un gastronome avisé, aimant ([379], 106) essayer lui-même des recettes de cuisine. Ses grandes spécialités ([376], 343) étaient le koulbiak de saumon et les rôtis en croûte.

Lorsqu'il habitait Paris, il allait faire lui-même son marché avenue de Saxe, car, en cuisinier averti, il savait qu'une part importante de l'art culinaire est dans l'achat de bons produits.

A propos de la musique, il déclarait en 1990 ([379], 105) :

> Je jouais du piano tous les jours, en dehors de mes heures d'enseignement et du temps consacré à Bourbaki. Maintenant, je continue d'en jouer de temps en temps.

Voici son panorama de l'histoire de la musique :

> J'aime Bach, Mozart et Debussy par dessus-tout. J'ai quelques phobies : Chopin, Liszt, Tchaïkovski et les symphonies de Mahler. Et puis je ne comprends pas la musique après Bartok et Stravinski : sans doute suis-je trop vieux pour apprécier la musique contemporaine.

Lorsqu'il était doyen de la Faculté des Sciences de Nice, il a fait une conférence à la salle Bréa sur Gabriel Fauré :

> Gabriel Fauré est un des plus grands musiciens de tous les temps, sans qu'il ait pourtant excellé dans tous les genres. On peut le rapprocher de Schubert et de Brahms par les tendances de son art. C'est un musicien en noir et blanc, sans qu'il soit jamais monotone. Gabriel Fauré a surtout triomphé dans les trois genres : la musique de chambre, le piano, et la musique chorale. Son génie mélodique, aussi bien que sa pudeur et sa sérénité, font de lui un musicien de génie.

De plus, J. Dieudonné a fait des transpositions pour piano des œuvres de J.-S. Bach, A. Roussel et F. Schmitt.

Avec les mathématiques ([376], 342) la musique a été « l'autre enchantement » de sa vie.

## 4. 3. PHILOSOPHIE ET RELIGION

F. Lhermitte lui écrit le 16 septembre 1987 pour l'interroger sur le sens du mot « immatériel », lettre qui était accompagnée du questionnaire suivant :

> 1) Quel ou quels sens donnez-vous au mot immatériel ?
> 2) Quels sont les « éléments » ou les « états » ou les « données » qui, pour vous, sont immatériels ?

Voici la réponse de J. Dieudonné :

> J'admire votre audace de vous attaquer à un sujet sur lequel les philosophes dissertent depuis 2500 ans. J'avoue d'ailleurs que je n'ai pas la tête philosophique, et rien de ce que j'ai lu de leurs cogitations ne m'a convaincu.
>
> Si j'essaie simplement de raisonner sans idées préconçues, il me semble d'abord qu'il y a une zone assez floue où l'on hésite entre « matériel » et « immatériel ». Un électron, un neutrino sont-ils « matériels » ? Derrière ces mots, il y a incontestablement des phénomènes matériels mis en évidence par des mesures sur des appareils ; mais leur interprétation par des entités qui échappent à nos sens est-elle aussi de nature « matérielle » ? D'autres concepts sont aussi à la frontière : une

« espèce », une « collection » sont-ils matériels ou immatériels ?

Après cela, on arrive à l'« immatériel » véritable, les mots abstraits qui décrivent le comportement humain : justice, amour, vertu, pitié, courage, etc. Je lis ou relis depuis quelque temps les dialogues de Platon : dans la plupart on voit son porte-parole Socrate essayer de définir un de ces mots, sans jamais y parvenir. Mais du moins, on est forcé de reconnaître une certaine « existence » à ces concepts immatériels : si on ne peut pas définir « la justice », on peut cependant parler de façon concrète d'une « action juste », sans d'ailleurs qu'il y ait toujours unanimité des opinions touchant ce qualificatif.

Au delà, il me semble qu'il n'y a plus que de l'immatériel *inventé* pour satisfaire le désir puéril d'« expliquer » ce que nous ne comprenons pas. La « vertu dormitive de l'opium » en est l'aspect caricatural ; mais au risque de passer pour un béotien, je n'apprécie pas davantage toutes les constructions des métaphysiciens, et leurs dissertations sans fin sur l'Être, l'Un, Dieu, Âme, etc. ne me paraissent que du verbiage si on le compare à l'attitude scientifique qui consiste simplement à dire « je ne sais pas ».

Il me reste à parler des seuls êtres immatériels que je comprenne vraiment, les objets (ou concepts) mathématiques. Je viens de publier un livre entièrement consacré à exposer ce qu'ils sont, intitulé *Pour l'honneur de l'esprit humain* (Hachette). Ils ont été longtemps aussi difficiles à concevoir que les Idées de Platon ; c'est seulement aux environs de 1900 qu'on a compris qu'ils pouvaient être *définis* par un système d'axiomes, lui-même exprimable dans un langage formel entièrement dénué d'ambiguïté ; au fond cela revient à remplacer des objets immatériels par des objets matériels !

Son point de vue sur l'humanité et sur son avenir n'était guère rassurant en 1990 ([379], 104-105) :

> Je n'ai jamais été très optimiste, et je le suis de moins en moins. J'ai lu de nombreux livres d'histoire, car cela me passionne, et je suis arrivé assez vite à la conclusion que l'humanité est toujours aussi médiocre, cruelle et stupide qu'elle pouvait l'être dans l'Antiquité. Depuis trois mille ans, bien des prophètes et réformateurs, Bouddha, Socrate, Jésus-Christ et tant d'autres, ont essayé de l'améliorer, de rendre les hommes

moins féroces, moins mauvais, d'introduire du bon sens, un peu d'amour, de la tolérance ; ils n'y ont guère réussi. Ils n'ont pourtant pas demandé aux humains de devenir des saints, mais simplement de manifester un minimum de décence les uns envers les autres ; c'était déjà beaucoup trop. Quand on considère les barbaries dont se sont rendus coupables Hitler et Staline, on s'aperçoit qu'il n'y a eu aucun progrès depuis les Assyriens.

J. Dieudonné a été élevé dans la religion catholique ([376], 343), il a été baptisé, a fait sa première communion et il s'est même marié à l'église « pour faire plaisir » à ses parents :

> Mais, très vite, j'ai commencé à lire des textes sur l'histoire des religions qui m'ont complètement dessillé les yeux.

Alors, il a évacué tout ce qu'il ne pouvait pas expliquer :

> Dieu, âme, la vie éternelle, pour moi ces mots ne signifient rien.

Il a lui-même résumé sa philosophie de la vie ([379], 105) :

> Je prends la vie comme elle vient. Je tâche de faire mon travail le mieux possible, de ne pas causer de tort aux autres, de gagner ma vie honnêtement, de respecter les lois de mon pays et les lois morales en général. Dans tout ce que je fais, je n'attends aucune récompense et je ne me préoccupe pas de l'opinion d'autrui ; je le fais simplement pour être digne de moi-même.

Tel fut un des plus profonds penseurs des mathématiques.

# TRAVAUX DE JEAN DIEUDONNÉ*

[1] *A generalization of Rolle's theorem with application to entire functions* (Proceedings Acad. Sci. U.S.A., 15(1929), 362-367).

[2] *Question 2628* (Mathesis, 44(1930), 275).

[3] *Sur quelques applications du lemme de Schwarz* (Comptes Rendus Acad. Sci. Paris, 190(1930), 716-718).

[4] *Sur les racines des équations algébriques* (Comptes Rendus Acad. Sci. Paris, 190(1930), 852-854).

[5] *Sur les cercles de multivalence des fonctions bornées* (Comptes Rendus Acad. Sci. Paris, 190(1930), 1109-1111).

[6] *Sur la généralisation de l'orthopôle* (Mathesis, 44(1930), 364-365).

[7] *Résolution de la question 2651* (Mathesis, 45(1931), 398-403).

[8] *Sur le rayon d'univalence des polynômes* (Comptes Rendus Acad. Sci. Paris, 192(1931), 79-81).

[9] *Sur les fonctions univalentes* (Comptes Rendus Acad. Sci. Paris, 192(1931), 1148-1150).

[10] *Sur l'identité algébrique démontrée par M. C. Lurquin* (Mathesis, 46(1932), 92-93).

[11] *Sur le lieu des points dont le rapport des puissances par rapport à deux cercles est constant* (Mathesis, 47(1933), 32-33).

[12] *Résolution de la question 2691* (Mathesis, 47(1933), 70-71).

[13] *Sur les rayons d'étoilement et de convexité de certaines fonctions* (Comptes Rendus Acad. Sci. Paris, 196(1933), 37-39).

---

\* Ici ne figurent que les travaux qui ne sont pas signalés dans la *Liste des travaux* ([144], t. II, 717-722) ou qui ne sont pas publiés dans son *Choix d'œuvres mathématiques*. Dans quelques articles manquent des informations que je ne possède pas.

[14] *Algèbres de matrices* (Séminaire Julia, 1(1933-1934), D).

[15] *Théorie des corps gauches* (Séminaire Julia, 1(1933-1934), G).

[16] *Sur le module maximum des zéros d'un polynôme* (Comptes Rendus Acad. Sci. Paris, 198(1934), 528-530).

[17] *Sur les zéros de la dérivée d'une fraction rationnelle* (Comptes Rendus Acad. Sci. Paris, 198(1934), 1966-1967).

[18] *Sur les zéros des polynômes-sections de $e^x$* (Association Franç. Avanc. Sci., 59(1935), 132-135).

[19] *Sur les zéros des dérivées des fractions rationnelles* (Comptes Rendus Acad. Sci. Paris, 203(1936), 767-769).

[20] *Sur les dérivées des fractions rationnelles* (Comptes Rendus Acad. Sci. Paris, 203(1936), 975-977).

[21] *Sur les espaces uniformes complets* (Comptes Rendus Acad. Sci. Paris, 207(1938), 25-27).

[22] *Topologies faibles dans les espaces vectoriels* (Comptes Rendus Acad. Sci. Paris, 211(1940), 94-97).

[23] *Équations linéaires dans les espaces normés* (Comptes Rendus Acad. Sci. Paris, 211(1940), 129-131).

[24] *Complément à mon article « Sur les corps ordonnables »* (Bol. Soc. Math. Sao Paulo, 2(1947), 35).

[25] *Sur les automorphismes des groupes classiques* (Comptes Rendus Acad. Sci. Paris, 225(1947), 914-915).

[26] *Sur les automorphismes du groupe unitaire* (Comptes Rendus Acad. Sci. Paris, 225(1947), 975-976).

[27] *Sur les groupes compacts d'homéomorphismes* (Anais Acad. Brasileira Ciencias, 18(1946), 287-289).

[28] *David Hilbert,* p. 291-297, LE LIONNAIS F. (présenté par), *Les grands courants de la pensée mathématique,* Cahiers du Sud, 1948 = nouvelle édition, Paris (A. Blanchard), 1962 = Paris (Rivages), 1986 = (en espagnol) (Rev. Integr. Temas Mat., 2(1983), 27-33).

[29] *Progrès et problèmes de la théorie de Galois,* p. 169-172, *Algèbre et théorie des nombres,* Colloques internationaux du C.N.R.S. 1949, Paris (C.N.R.S.), 1950.

[30] (avec GOMES A.P.) *Sur les certains espaces vectoriels topologiques* (Comptes Rendus Acad. Sci. Paris, 230(1950), 1129-1130).

[31] *Algebraic homogeneous spaces over fields of characteristic two* (Proceedings Amer. Math. Soc., 2(1951), 295-304).

[32] *L'axiomatique dans les mathématiques modernes,* p. 47-53, vol. III, *Philosophie mathématique, mécanique,* Congrès international de Philosophie des Sciences, 1949, Paris (Hermann), 1951.

[33] *Analise harmônica,* Rio de Janeiro (Universidade de Brasil), 1952.

[34] *Logique et mathématiques* (Revista Mat. Elem., 2(1953), 1-7) = (en espagnol) (Bol. Mat., 6(1972), 1-10).

[35] *Recent developments in the theory of locally convex vector spaces* (Bull. Amer Math. Soc., 59(1953), 495-512).

[36] *L'abstraction mathématique et l'évolution de l'algèbre,* p. 47-61, PIAGET J., BETH E.W., DIEUDONNÉ J., LICHNEROWICZ A., CHOQUET G. et GATTEGNO C. *L'enseignement des mathématiques,* Neuchâtel (Delachaux et Niestlé), 1955, 2e éd. 1960.

[37] *La géométrie des groupes classiques,* Berlin (Springer-Verlag), 1955, 2e éd. revue et corrigée 1963, 3e éd. 1971 = (en russe) Moskva (Mir), 1974.

[38] *Le calcul différentiel dans les corps de caractéristique p > 0,* p. 240-252, vol. I, *Proceedings of the International Congress of Mathematicians 1954,* Amsterdam (North-Holland), 1957.

[39] *Hyperalgèbres et groupes de Lie formels,* Séminaire Sophus Lie, Paris (E.N.S.), 1957.

[40] *Sur les espaces $L^1$* (Archiv Math., 10(1959), 151-152).

[41] *Foundations of modern analysis,* New York (Academic Press) ; enlarged and corrected printing, 1969 = (en français) Paris (Gauthier-Villars), 1963 = *Éléments d'analyse,* tome I, 1968 ; 3e éd., 1981 = (en allemand) Braunschweig (Vieweg), 1971 ; zweite berichtete Auflage, Berlin (VEB Deutscher Verlag der Wissenschaften), 1972 ; dritte Auflage, 1985 = (en russe) Moscou (Mir).

[42] *The introduction of angles in geometry,* BEHNKE H., CHOQUET G., DIEUDONNÉ J., FENCHEL W., FREUDENTHAL H., HAJOS G. and PICKERT G., *Lectures on modern teaching of geometry and related topics,* Aarhus (Matematisk Institut), 1960 = (en allemand) (Math.-Unterricht, 1962, 5-15).

[43] (avec GROTHENDIECK A.) *Éléments de géométrie algébrique I,* Inst. Hautes Études Sci., Publ. Math., n° 4, 1960, n° 8, 1961, n° 11, 1961, n° 17, 1963, n° 20, 1964, n° 24, 1965, n° 28, 1965, n° 32, 1967 = Berlin (Springer-Verlag), 1971 = (en russe) p. 4-18 (Uspehi Mat. Nauk, 27(1972), n° 2, 135-148).

[44] *Les mathématiques dans l'enseignement secondaire* (Bol. Prof. de Frances, Chile, 1961, 13-14).

[45] *New thinking in school mathematics,* O.E.C.D., 1961 = *Moderne Mathematik und Unterict auf der höheren Schule* (Math.-Phys. Semesterber., 8(1962), 166-178).

[46] *Note sur les travaux de C. Jordan relatifs à la théorie des groupes,* p. XVII-XLII, vol. I, *Œuvres* de C. JORDAN, Paris (Gauthier-Villars), 1961.

[47] *Algebraic geometry,* University of Maryland, College Park, 1962.

[48] *Les groupes classiques,* p. 55-69, *Mathématiques du XXe siècle,* vol. III, Cours internationaux post-universitaires de perfectionnement pour docteurs et licenciés en mathématiques, 1962.

[49] *Hyperalgèbres et groupes de Lie formels* (Summa Bras. Math., 5(1962), 47-70).

[50] *L'œuvre mathématique de C.F. Gauss,* Paris (Palais de la Découverte), 1962 = (en bulgare) (Fiz.-Mat. Spis. Blgar. Akad. Nauk, 20(1977), 132-139).

[51] *Notes sur les travaux de C. Jordan relatifs à l'algèbre linéaire et multilinéaire et la théorie des nombres,* p. V-XX, vol. III, *Œuvres* de C. Jordan, Paris (Gauthier-Villars), 1962.

[52] *Préface,* p. V-VII, E. GALOIS, *Écrits et mémoires mathématiques,* Paris (Gauthier-Villars), 1962.

[53] *Algebra lineal,* Facultad de Ciencias exactas y naturales, Universidad de Buenos Aires, 1964.

[54] *Algèbre et topologie,* p. 20-34, tome III, vol. II, R. TATON (publiée sous la direction de), *Histoire générale des sciences,* Paris (Presses Universitaires de France), 1964 ; 2e éd., 1983.

[55] *Algèbre linéaire et géométrie élémentaire,* Paris (Hermann), 1964 ; 2e éd., 1965 ; 3e éd., corrigée et augmentée, 1968 = (en anglais) Boston (Houghton Mifflin), 1969 = (en russe) Moskva (Nauka), 1972.

[56] *L'école française moderne des mathématiques* (Philosophia Math., 1(1964), 97-106).

[57] *Fondements de la géométrie algébrique moderne,* Montréal (Les Presses de l'Université de Montréal), 1964, 2e éd., 1966 = (Advances Math., 3(1969), 322-413).

[58] *Les groupes classiques* (Bull. Soc. Math. Belgique, 16(1964), 137-171).

[59] *Die Lieschen Gruppen in der modernen Mathematik* (Arbeitsgem. Forsch. Landes Nordheim-Westfalen, 133(1964), 7-30).

[60] *Pour une révision des programmes de mathématiques I et II* (Gazette Math., 2(1964), n° 4, 1-3).

[61] *Pure mathématics in France from 1949 to 1955* (Philosophia Math., 1(1964), 38-44).

[62] *Recent developments in mathematics* (Amer. Math. Monthly, 71(1964), 239-248).

[63] *Representaciones de grupos compactos y funciones esfericas,* Universidad de Buenos Aires, 1964.

[64] *La vie mathématique au XXe siècle,* p. 122-127, tome III, vol. II, R. TATON (publiée sous la direction), *Histoire générale des sciences,* Paris (Presses Universitaires de France), 1964 ; 2e éd., 1983.

[65] *Group schemes and formel groups,* p. 57-67, *Actas del Coloquio International sobre Geometria Algebrica,* Madrid, 1965 = (en espagnol) *Proceedings of the International Colloquy of Algebraic Geometry,* Madrid (Inst. Jorge Juan del C.S.I.C. — Internat. Math. Union), 1966.

[66] *Hyperalgèbres et groupes formels,* p. 512-524, vol. II, *Seminari Analisi, Algebra, Geometria e Topologia,* 1962-1963, Ist. Naz. Alta Mat., Roma (Ediz. Cremonese), 1965.

[67] *L'algèbre linéaire dans les mathématiques modernes* (Bull. Association Prof. Math. Enseignement Public, 45(1966), n° 253, 315-329).

[68] *Éléments d'analyse,* chapitres 1 à 22, Nice (Faculté des Sciences), 1966-1971-1972 ; tome II, Paris (Gauthier-Villars), 1968 = (en anglais) New York (Academic Press), 1970, 1976 = (en allemand) Berlin (VEB Deutscher Verlag der Wissenschaften), 1975, 1987 ; tome III, 1970 = (en anglais) 1972 = (en allemand) 1976 ; tome IV, 1971, 1977 = (en anglais), 1974 = (en allemand) 1976 ; tome V, 1975 = (en anglais) 1977 = (en allemand) 1979 ; tome VI, 1975 = (en anglais), 1978 = (en allemand) 1979 ; tome VII, 1978 = (en anglais) 1988 = (en allemand) 1982 ; tome VIII, 1978 = (en anglais) 1992 = (en allemand) 1983 ; tome IX, 1982 = (en anglais) 1992 = (en allemand) 1987.

[69] *Geometrie in den Gymnasien und in der modernen mathematischen Forschung. (Die Fehlgriffe von v. Staudt oder vom unheilvollen Einfluss philosophischer a priori Ideen auf die Mathematik),* Braunschweig (Georg Westermann Verlag), 1966.

[70] *L'œuvre scientifique de Paul Montel,* p. 85-90, *Paul Montel mathématicien niçois,* Ville de Nice, 1966.

[71] *Topics in local algebra,* Edited and supplemented by M. BORELLI, Notre Dame, Ind. (University of Notre Dame Press), 1967.

[72] *Lettre* (Revue de Métaphysique et de Morale, 1968, 246-250).

[73] *Que font les mathématiciens ?* (Age Sci., 1968, n° 2, 75-88).

[74] *Les travaux de Alexandre Grothendieck,* p. 21-24, *Travaux du Congrès international des mathématiciens, Moscou 1966,* Moskva (Mir), 1968.

[75] *Alpha encyclopédie,* Paris (Grange Batelière), 1968-1972, avec la collaboration exceptionnelle de J. DIEUDONNÉ.

[76] *Calcul infinitésimal,* Paris (Hermann), 1968, 1992 = (en anglais) Boston (Houghton Mifflin), 1971.

[77] *Encyclopaedia Universalis* dont J. DIEUDONNÉ assurait la « direction scientifique (mathématique) » : *Analyse mathématique moderne,* p. 976-981, vol. I ; *Cauchy (Augustin-Louis) 1789-1857,* p. 1087-1088 ; *Dedekind (Richard) 1831-1916,* p. 373-375, vol. V ; *Dirichlet (Peter Gustav Lejeune-) 1805-1859,* p. 681-682, vol. V ; *Fonctions analytiques (Introduction),* p. 113, vol. VII ; *Frobenius (Georg), 1849-1917,* p. 389-390, vol. VII ; *Gauss (Carl Friedrich) 1777-1855,* p. 506-509, vol. VII ; *Groupes (mathématiques) (Introduction),* p. 59, vol. VIII ; *Groupes classiques et géométrie,* p. 63-69, vol. VIII ; *Groupes de Lie,* p. 74-81, vol. VIII ; *Hermite (Charles) 1822-1901,* p. 368-369, vol. VIII ; *Kronecker (Leopold) 1823-1891,* p. 714-715, vol. IX ; *Nombres (Théorie des) (Introduction),* p. 844-845, vol. XI ; *Théorie analytique des nombres,* p. 846-853, vol. XI ; *Quadratiques (formes),* p. 850-858, vol. XIII ; *Transcendants (Nombres),* p. 244-245, vol. XVI ; *Zêta (Fonction),* p. 1061-1063, vol. XVI ; Paris, 1968-1973.

[78] *Algebraic geometry* (Advances Math., 3(1969), 233-321).

[79] *Les Écoles mathématiques dans le monde. Les grandes innovations des années 50 sont venues de France* (Le Monde, 24 avril 1969, 13).

[80] *Notice sur la vie et les travaux de Jean Dufay (1896-1967),* Paris (Palais de l'Institut), 1969.

[81] *Le point de vue du mathématicien concernant la place du calcul dans la mathématique d'aujourd'hui* (Nico 2, mars 1969, 2-16).

[82] *Les problèmes des mathématiques* (reprographié), p. 9-18, 1969.

[83] *Regards sur Bourbaki* (Analele Univ. Bucaresti, Mat.-Mec., 18(1969); n° 2, 13-25) = (en anglais) (Amer. Math. Monthly, 77(1970), 134-145) = (en roumain) (Gaz. Mat., ser. A, 77(1972), 447-460) = (en russe) (Uspehi Mat. Nauk, 28(1973), n° 3, 205-216) = (en bulgare) (Fiz.-Mat. Spis. Blgar. Akad. Nauk, 14(1971), 50-61) = (en slovaque) (Pokroky Mat. Fiz. Astronom., 20(1975), n° 2, 66-76).

[84] *Préface*, p. XIII-XIV, S. Mac Lane et G. Birkhoff, *Algèbre, 1. Structures fondamentales,* Paris (Gauthier-Villars), 1970.

[85] *Une propriété des racines de l'unité* (Rev. Un. Mat. Argentina, 25(1970), 1-3).

[86] (avec Carrell J.B.) *Invariant theory, old and new* (Advances Math., 4(1970), 1-80) = New York (Academic Press), 1971 = (en russe) Moskva (Mir), 1974.

[87] *Histoire de l'analyse harmonique,* Moscou (Nauka), 1971 = (en russe) (Istor.-Mat. Issledov., 18(1973), 31-54).

[88] *Preface,* R. Manzoni, *Présentation moderne de quelques notions de mathématiques,* Paris (Vuibert), 1971.

[89] *La théorie des invariants au xixe siècle,* Séminaire Bourbaki, 23(1970-1971), 257-274, Berlin (Springer-Verlag), 1971.

[90] *Dictonary of Scientific Biography,* New York (Charles Scribner's Sons), 1971-1990 : *Cartan, Élie,* p. 95-96, vol. III ; *Jordan, Camille,* p. 165-169, vol. VII ; *Minkowski, Hermann,* p. 411-414, vol. IX ; *Poincaré, Jules Henri,* p. 51-61, vol. XI ; *von Neumann, Johann (or John),* p. 88-92, vol. XIV ; *Weyl, Hermann,* p. 281-285, vol. XIV ; *Delsarte, Jean,* p. 215-217, vol. XVII ; *Ehresmann, Charles,* p. 259-260, vol. XVII ; *Montel, Paul,* p. 649-650, vol. XVIII ; *Siegel, Carl Ludwig,* p. 826-832, vol. XVIII.

[91] *Une démonstration élémentaire d'un théorème de H. Weyl,* p. 85-88, *Theory of sets and topology (in honour of Felix Hausdorff, 1868-1942),* (VEB Deutscher Verlag der Wissenschaften), 1972.

[92] *État présent de la théorie des groupes formels,* p. 23-30, *Actas de la Decime Reunion Anual de Matematicos Espanoles,* Madrid (Instituto Jorge Juan de Matematicos), 1972.

[93] *The historical development of algebraic geometry* (Amer. Math. Monthly, 79(1972), 827-866).

[94] *Notice nécrologique sur Paul Lévy* (Comptes Rendus Acad. Sci. Paris, Vie académique, 274(1972), 137-144).

[95] *A simplified method for the study of complex semi-simple Lie algebras* (Tensor, (N.S.), 24(1972), 239-242).

[96] *Introduction to the theory of formal groups,* New York (Marcel Dekker), 1973.

[97] *Mathematical education at the secondary level* (Australian Math. Teacher, 29(1973), 129-144).

[98] *Orientation générale des mathématiques pures en 1973,* rédigé par H. Hogbe-Nlend, relu et corrigé par J. Dieudonné, Collo-

quium de Mathématiques, 1972-1973, Université de Bordeaux I = (Gazette Math., n° 2, octobre 1974, 73-79) = (en espagnol) (Bol. Mat., 12(1978), 214-222).

[99] *Should we teach « modern » mathematics ?* (Amer. Scientist, 61(1973), 16-19) = (en bulgare) (Fiz.-Mat. Spis. Blgar. Akad. Nauk, 17(1974), 131-138) = (en allemand) p. 402-416, M. OTTE (herausgegeben von), *Mathematiker über die Mathematik*, Berlin (Springer-Verlag), 1974 = (en français) (Bull. Association Prof. Math. Enseignement Public, 53(1974), n° 292, 69-79).

[100] Page 63-64 de STEENROD N.E., HALMOS P.R., SCHIFFER M.M. and DIEUDONNÉ J.A., *How to write mathematics ?*, American Mathematical Society, 1973 = (en japonais) Tokyo (N.S.P.A.), 1978.

[101] *Cours de géométrie algébrique,* Paris (Presses Universitaires de France), 1974 = (en anglais) tome I, Belmont, California (Wadsworth International Group), 1985.

[102] *Préface,* p. III, KAMPÉ DE FÉRIET J. et PICARD C.F. (édité par), *Théorie de l'information,* Berlin (Springer-Verlag), 1974.

[103] *Préface,* p. IX-XIV, F. KLEIN, *Le programme d'Erlangen,* Paris (Gauthier-Villars), 1974 = Paris (Jacques Gabay), 1991.

[104] *Scienziati e tecnologi contemporanei,* collaboratore per les scienze matematiche : J. DIEUDONNÉ, Milano (Mondadori), 1974 = *The history of science and technology. A narrative chronology,* New York (Facts On File).

[105] *Sur les automorphismes des corps algébriquement clos* (Bol. Soc. Brasil Mat., 5(1974), 123-126).

[106] *Sur un théorème de Schwerdtfeger* (Ann. Polon. Math., 29(1974), 87-88).

[107] *L'abstraction et l'intuition mathématique* (Dialectica, 29(1975), 39-54).

[108] *Les conjectures,* p. 339-341, *Universalia 1975,* Paris (Encyclopaedia Universalis).

[109] *Introductory remarks on algebra, topology and analysis* (Historia Math., 2(1975), 537-548).

[110] *Operadores pseudo-differenciales y ecuaciones elipticas,* Seminario Matematico de la Universidad de Barcelona, 1975.

[111] *Sur les groupes de Lie nilpotents* (Annali Mat. Pura Applic., (4), 103(1975), 207-208).

[112] *Les travaux d'Elie Cartan sur les groupes et algèbres de Lie,* p. 29-31, *Elie Cartan, 1869-1951,* Bucharest (Editura Acad. R.S.R.), 1975.

[113] *The Weil conjectures* (Math. Intelligencer, n° 10, september 1975, 7-21).

[114] *Analisi* p. 157-174, vol. I, *Enciclopedia del Novecento,* Istituto dell'Enciclopedia Italiana, 1976.

[115] *Le développement historique de la notion de groupe* (Bull. Soc. Math. Belgique, 28(1976), 267-296).

[116] *Mathématiques vides et mathématiques significatives,* Actes du Colloque International de Luxembourg, Centre Universitaire de Luxembourg, 1976 = p. 15-38, F. GUÉNARD et G. LELIÈVRE (textes préparés et annotés par), *Penser les mathématiques,* Paris (Seuil), 1982.

[117] *Préface,* p. 9-11, P. DUGAC, *Richard Dedekind et les fondements des mathématiques,* Paris (Vrin), 1976.

[118] *Le progrès en mathématiques* (en russe) (Istor.-Mat. Issledov., 21(1976), 9-21) = (en bulgare) (Fiz.-Mat. Spis. Blgar. Akad. Nauk, 21(1978), 50-57) = *L'idea di progresso,* p. 121-133.

[119] *Avant-propos,* p. 15-20, A. LAUTMAN, *Essai sur l'unicité des mathématiques,* Paris (Union Générale d'Éditions), 1977.

[120] *Folk theorems on elliptic equations,* p. 129-134, *Contributions to algebra (Collection of papers dedicated to Ellis Kolchin),* New York (Academic Press), 1977.

[121] *Panorama de mathématiques pures. Le choix bourbachique,* Paris (Gauthier-Villars), 1977 = (en anglais) New York (Academic Press), 1982 = (en espagnol) Barcelona (Editorial Reverté), 1987.

[122] *Une variante de l'épine de Lebesgue* (Bull. Soc. Math. Grèce, (N.S.), 18(1977), 137-140).

[123] (sous la direction de J. DIEUDONNÉ) *Abrégé d'histoire des mathématiques,* Paris (Hermann), 1978 ; nouvelle éd. 1986 = (en allemand) Braunschweig (Vieweg), 1985 = (en japonais) Tokyo (Iwanami Shoten), 1985.

[124] *Carl Friedrich Gauss : a bicentenary* (Southeast Asian Bull. Math., 2(1978), n° 2, 61-70).

[125] *L'enseignement des mathématiques dans les classes supérieures de l'école secondaire, et ses rapports avec l'enseignement des mathématiques à l'Université* (dactylographié), Conférence interaméricaine d'Amérique du Sud, Caracas (Venezuela), 1978.

[126] *L'évolution récente de la théorie des équations aux dérivées partielles,* p. 104-113, *Actas del V Congreso de la Agrupacion de Matematicos de Expresion Latina,* Madrid, 1978 = (en anglais) (Internat. Journal Math. Sci., 3 (1980), 1-14).

[127] *Harold Calvin Marston Morse (1892-1977)*, p. 613, *Universalia 1978*, Paris (Encyclopaedia Universalis).

[128] *Present trends in pure mathematics* (Advances Math., 27(1978), 235-255) = (en polonais) (Wiadom. Mat., 26(1984), 61-83).

[129] *Valuations et divisibilité dans les corps quadratiques* (Mathématique et Pédagogie, 1978, n° 18, 5-18).

[130] *L'aspect moderne de la théorie des équations linéaires aux dérivées partielles* (Acta Cient. Venezolana, 30(1979), 125-129).

[131] *The Bourbaki choice* (Math. Medley, 7(1979), n° 2-3, 28-36).

[132] *Le continu et le discret* (Eleutheria, 2(1979), 65-72).

[133] *La difficile naissance des structures mathématiques,* p. 9-26, *La culture scientifique dans le monde contemporain,* Milano (Scientia), 1979 = (en anglais) p. 7-23.

[134] *Gelfand pairs and spherical functions* (Internat. Journal Math. Sci., 2(1979), 153-162).

[135] *La genèse de la théorie des groupes* (La Recherche, 10(1979), 866-875).

[136] *Special functions and linear representations of Lie groups,* p. 76-100, *4th Latin-American School of Mathematics,* Lima (IV E.L.A.M.), 1979 = Providence, R.I. (American Mathematical Society), 1980.

[137] *Spherical functions and special functions* (Southeast Asian Bull. Math., special issue a, 1979, 72-83).

[138] *The tragedy of Grassmann* (Linear and Multilinear Algebra, 8(1979), 1-14).

[139] *Les grandes lignes de l'évolution des mathématiques* (Cahiers Fundamenta Sci., 94(1980), 1-13) = I.R.E.M. Paris-Nord, Collection Philosophie Mathématique, 1980 = p. 329-338, *Selected studies : physics-astrophysics, mathematics, history of science,* Amsterdam (North-Holland), 1982.

[140] *Lettre à Marcel Berger* (Gazette Math., n° 14, juillet 1980, 138).

[141] *Logica e matematica nel 1980,* p. 15-25, P. ROSSI (a cura di), *La nova ragione. Scienza e cultura nella società contemporanea,* Scientia / Il Mulino.

[142] *L'analogie en mathématiques,* p. 257-270, vol. II, A. LICHNEROWICZ, F. PERROUX et G. GADOFFRE (sous la direction de), *Analogie et connaissance,* Paris (Maloine), 1981.

[143] *Avant-propos,* p. 8, J.E. et M.J. BERTIN, *Algèbre linéaire et géométrie classique,* Paris (Masson), 1981.

[144] *Choix d'œuvres mathématiques,* Paris (Hermann), 1981.

[145] *History of functional analysis,* Amsterdam (North-Holland), 1981.

[146] *Préface,* p. VII-VIII, A.L. CAUCHY, *Équations différentielles ordinaires,* Paris (Éditions Vivantes), 1981.

[147] *Richard Dedekind* (La Recherche, 1981).

[148] *Schur functions and group representations,* p. 7-19, *Young tableaux and Schur functions in algebra and geometry,* Astérisque, 87-88, Paris (Société Mathématique de France), 1981.

[149] *De la communication entre mathématiciens et physiciens,* p. 327-333, S. DIENER, D. FARGUE et G. LOCHAK (édité par), *La pensée physique contemporaine,* Moulidars (Augustin Fresnel), 1982.

[150] *La découverte des fonctions fuchsiennes,* p. 15-38, *G.M.E.L., Actualités mathématiques,* Paris (Gauthier-Villars), 1982.

[151] *Domination universelle de la géométrie,* Collection Philosophie Mathématique, Paris (École Normale Supérieure), 1982 = (en italien) (Scuola e cultura, p. 31-33) = (en anglais) (dactylographié).

[152] *Formal groups,* p. 9-18, Y. AL-KHAMEES (editor), *Proceedings of the first International Conference of Mathematics in the Gulf Area,* octobre 1982.

[153] *L'influence de Galois,* p. 40-42, *Présence d'Évariste Galois 1811-1832,* Publication de l'A.P.M.E.P., 1982.

[154] *Jacques Herbrand et la théorie des nombres,* p. 3-7, *Proceedings of the Herbrand Symposium,* Amsterdam (North-Holland), 1982.

[155] *La notion de rigueur en mathématiques,* Séminaire de Philosophie et Mathématique, Paris (École Normale Supérieure), 1982 = p. 281-294, J.A. BARROSO (editor), *Aspects of mathematics and its applications,* Amsterdam (North-Holland), 1986.

[156] *O. Toeplitz's formation years,* p. 565-574, *Toeplitz centennial,* Basel (Birkhäuser), 1982.

[157] *The work of Bourbaki during the last thirty years* (Notices Amer. Math. Soc., 1982, 618-623).

[158] *Carl Ludwig Siegel* (Comptes Rendus Acad. Sci. Paris, Vie Académique, 296(1983), 63-75).

[159] *La conception des mathématiques chez Valéry,* p. 183-191, 275, J. ROBINSON-VALÉRY (textes recueillis par), *Fonctions de l'esprit. 13 savants redécouvrent Paul Valéry,* Paris (Hermann), 1983 = (en allemand) p. 189-198, *Funktionen des Geistes,* Frankfurt (Campus), 1993.

[160] *Finalità dell'educazione matematica* (Nuova Secondaria, 4, 15 dicembre 1983, 60-61) = (en français) (dactylographié).

[161] *History of functional analysis,* p. 119-129, *Functional analysis, holomorphy, and approximation theory,* New York (Dekker), 1983.

[162] *Louis Couturat et les mathématiques de son époque,* p. 97-111, *L'œuvre de Louis Couturat (1868-1914),* Paris (Presses de l'École Normale Supérieure), 1983.

[163] *Préface,* C.C. CHOU, *Séries de Fourier et théorie des distributions,* Beijing (Kexue Chubanshe), 1983.

[164] *La résolubilité des équations aux dérivées partielles linéaires* (Bull. Soc. Math. Belgique, sér. A, 35(1983), 3-23, 131).

[165] *Editor's introduction,* Mathematical Reports, p. IX, vol. I, part 2, V.I.OVCHINNKOV, *The method of orbits in interpolation theory,* London (Harwood Academic Publishers), 1984.

[166] *Emmy Noether and algebraic topology* (Journal Pure Appl. Algebra, 31(1984), 5-6).

[167] *Jean le Rond d'Alembert* (Revue Palais Découverte, 12(1984), n° 117, 41-50).

[168] *The beginnings of topology from 1850 to 1914,* p. 585-600, vol. II, *Atti degli rincontri di logica matematica,* Sienna (Dipartimento di Matematica), 1985.

[169] *Les débuts de la topologie algébrique* (Expositiones Math., 3(1985), 347-357) = (Rendiconti Circolo Mat. Palermo, (2), suppl. n° 8 (1985), 139-153).

[170] *Fonctions continuées et polynômes orthogonaux dans l'œuvre de E.N. Laguerre,* p. 1-15, *Polynômes orthogonaux et applications,* Berlin (Springer-Verlag), 1985 = Séminaire de Philosophie et Mathématique, Paris (École Normale Supérieure), 1986.

[171] *The index operators in Banach spaces* (Integral Equations Operator Theory, 8(1985), 580-589).

[172] *Introduction au cours d'algèbre,* p. 5, M.-P. MALLIAVIN, *Algèbre commutative. Applications en géométrie et théorie des nombres,* Paris (Masson), 1985.

[173] *Préface,* M. ZAMANSKY, *Analysqe harmonique et approximation,* Paris (Hermann), 1985.

[174] *The beginnings of italian algebraic geometry,* p. 245-263, vol. XXVII, *Symposia Mathematica,* London (Academic Press), 1986 = p. 278-299, E.R. PHILLIPS (editor), *Studies in the history of mathematics,* vol. XXVI, The Mathematical Association of America, 1987.

[175] *Claude Chevalley, 11 février 1909 — 28 juin 1984* (Association Anciens Élèves École Normale Sup., 1986).

[176] Contribution en l'honneur de Hermann Weyl, *Exakte Wissenschaften und ihre philosophische Grundlegung, Vorträge des Internationalen Hermann-Weyl-Kongress, Kiel 1985,* Bern (Verlag Peter Lang), 1986.

[177] *300 years of analyticity,* p. 69-77, *The Bieberbach conjecture,* Providence R.I. (American Mathematical Society), 1986.

[178] *Lettre à la rédaction* (Cahiers Séminaire Hist. Math., 7(1986), 221-223).

[179] *Marc Krasner* (Cahiers Séminaire Hist. Math., 7(1986), 29-30).

[180] *Les travaux de Guy Hirsch en topology* (Bull. Soc. Math. Belgique, sér. A, 38(1986), 3-7).

[181] (avec J. Tits) *La vie et l'œuvre de Claude Chevalley* (Vie des Sciences, 3(1986), 559-565- = (en anglais) (Bull. Amer. Math. Soc., (N.S.), 17(1987), 1-7).

[182] *La conception des objets mathématiques chez Henri Poincaré,* p. 35-46, J. Dhombres et J.-P. Pier (édité par), *La philosophie des sciences de Henri Poincaré,* Cahiers d'Histoire et de Philosophie des Sciences, vol. XXIII, 1987.

[183] *Pour l'honneur de l'esprit humain. Les mathématiques d'aujourd'hui,* Paris (Hachette), 1987 = (en japonais) Tokyo (Iwanami Shoten), 1989 = (en espagnol) Madrid (Alianza Editorial), 1989 = (en italien) Milano (Mondadori), 1989 = (en portugais) Lisboa (Publicacoes Dom Quixoto), 1990 = (en anglais) Berlin (Springer-Verlag), 1992. Repris en 1991 dans la collection *Pluriel,* avec *Critiques et commentaires.*

[184] *La recherche dans la sérénité,* Colloque *Anxiété et Recherche,* Courbevoie (Laboratoire Substantia), 1987.

[185] *Les travaux de E. Landau sur les fonctions d'une variable complexe,* p. 17-19, vol. VIII, E. Landau, *Collected works,* Thales Verlag, 1987.

[186] *Allocution,* 18 novembre 1988, *Journée Louis Antoine,* Publication de l'Institut de Recherche Mathématique de Rennes, 1988.

[187] *Historical introduction,* E. Freitag and R. Kiehl, *Etal cohomology and the Weil conjecture,* Berlin (Springer-Verlag), 1988.

[188] *A. Grothendieck's early work (1950-1960)* (K-Theory, 3(1989), 299-306).

[189] *Brelot (Marcel)* (Association Amicale Anciens Élèves École Normale Sup., 1989, 50-52).

[190] *Deux siècles de contributions des mathématiciens français* (dactylographié), 1989.

[191] *Foreword,* p. VII, A.J. HAHN and O.T. O'MEARA, *The classical groups and K-theory,* Berlin (Springer-Verlag), 1989.

[192] *A history of algebraic and differential topology 1900-1960,* Boston (Birkhäuser), 1989.

[193] *Introduction,* Jean d'Alembert : savant et philosophe. Portrait à plusieurs voix, Paris (Éditions des Archives Contemporaines), 1989.

[194] *De l'analyse fonctionnelle aux fondements de la géométrie algébrique,* p. 1-14, vol. I, P. CARTIER, L. ILLUSIE, N.M. KATZ, G. LAUMON, Y. MANIN and K.A. RIBET (editors), *The Grothendieck Festschrift,* Boston (Birkhäuser), 1990.

[195] *Le langage des mathématiques,* p. 189-194, vol. II, *Journées scientifiques et prix UAP 1988, 1989, 1990,* Suresnes (Éditions Scientifiques de l'U.A.P.), 1990.

[196] *Les mathématiques pures* (dactylographié), 1990.

[197] *Augustin-Louis Cauchy (1789-1857), fondateur de l'analyse mathématique moderne* (dactylographié), 1991.

[198] *L'école mathématique française du XXᵉ siècle* (dactylographié) (à paraître dans le volume sur l'histoire des mathématiques au XXᵉ siècle, en préparation chez Birkhäuser par les historiens des mathématiques russes).

[199] *Formal versus convergent power series,* p. 549-555, *Mechanics, analysis and geometry. 200 years after Lagrange,* Amsterdam (North-Holland), 1991.

[200] *Réflexions sur les écrits de René Thom* (dactylographié), 1991.

[201] *Une brève histoire de la topologie,* p. 35-193, PIER J.-P. (edited by), *Development of mathematics 1900-1950,* Basel (Birkhäuser), 1994.

[202] *Préface,* p. 5-7, F. MONNOYEUR (sous la direction de), *Infini des mathématiciens, infini des philosophes,* Paris (Belin), 1992.

[203] *L'abstraction en mathématiques et l'évolution de l'algèbre,* chapitre III, p. 47-61[1].

[204] *Augustin-Louis Cauchy (1789-1857)* (dactylographié).

[205] *Drawing tangents* (dactylographié).

---

1 Je n'ai pas pu déterminer la date des articles qui figurent dans cette partie de la liste des *Travaux.*

[206] *L'évolution des mathématiques de 1950 à 1980* (dactylographié).

[207] *Gaspard Monge* (dactylographié).

[208] *Les mathématiques dans le monde actuel* (dactylographié).

[209] *Mathematics,* p. 495-504.

[210] *Mathématiques* (dactylographié).

[211] *Les mathématiques* (dactylographié).

[212] *Numbers and analysis* (dactylographié).

[213] *Pour parler des mathématiques* (dactylographié).

[214] *Pourquoi les mathématiques sont devenues abstraites ?* (dactylographié).

[215] *Les problèmes des mathématiques* (dactylographié).

[216] *Que sont les mathématiques ?* (dactylographié).

[217] *Supplément à l'article de B.M. de Kerekjarto* (dactylographié).

[218] (avec LE DUNG TRANG) *Projet de la lettre à la « Gazette des Mathématiciens »* (dactylographié).

[218a] *Ehresmann (Charles) (*Annuaire Élèves École Normale Sup., 1980) = p. XXI-XXIII, partie I-1, EHRESMANN C., *Œuvres complètes,* Amiens, 1984.

# BIBLIOGRAPHIE

[219] ALEKSANDROV P.S. und URYSOHN P.S., *Zur Theorie der topologischen Raüme* (Math. Annalen, 92(1924), 258-266).

[220] ALEKSANDROV P.S. und HOPF H., *Topologie I,* Berlin (Springer), 1935.

[221] BARTLE R.G., *Dieudonné, Jean, History of functional analysis* (Math. Reviews, 83 d : 46001, 1983).

[222] BACHMAKOVA I.G., KOLMOGOROV A.N., MARKUCHEVITCH A.I., PARCHIN A.N. et YOUSCHKEVITCH A.P., *Essai sur l'histoire des mathématiques des temps modernes* (en russe) (Voprosi Ist. Est. Teh., 3(1980), 137-144) = (en anglais) (Historia Math., 9(1982), 346-360).

[222a] BAVEREZ N., *Raymond Aron,* Paris (Flammarion), 1993.

[223] BERGER M., *Note sur le flux de survie de la recherche mathématique française* (Gazette Math., n° 13, février 1980, 5-14).

[224] BIRKHOFF G., *Jean Dieudonné, Abrégé d'histoire des mathématiques* (Advaces Math., 34(1979), 185-194).

[225] BOCHNER S., *Remark on the theorem of Green* (Duke Math. Journal, 3(1937), 334-338).

[226] BOURBAKI N., *Sur les espaces de Banach* (Comptes Rendus Acad. Sci. Paris, 206(1938), 1701-1704).

[227] BOURBAKI N., *Topologie générale, chapitre IX,* Paris (Hermann), 1948.

[228] BREEN L., *Rapport sur la théorie de Dieudonné* (polycopié).

[229] BRU B., *Poisson, le calcul des probabilités et l'instruction publique,* p. 51-94, MÉTIVIER M., COSTABEL P. et DUGAC P. (rédacteurs), *Siméon-Denis Poisson et la science de son temps,* Palaiseau (École Polytechnique), 1981.

[230] CARMAGNOLE M., *Sur mille pages de mathématiques* (Bull. Association Prof. Enseignement Public, n° 342, février 1984, 135-142).

[231] CARTAN H., *Œuvres*, vol. I, Berlin (Springer-Verlag), 1979.

[231a] CARTAN H., *Jean Dieudonné (1906-1992)* (Gazette Math., n° 55, janvier 1993, 3-4).

[232] CARTIER P., *Groupes algébriques et groupes formels*, p. 87-111, *Colloque sur la théorie des groupes algébriques*, Bruxelles 1962, Louvain (Librairie Universitaire), 1962.

[233] CARTIER P., *Notice sur les travaux scientifiques* (polycopié), 1973.

[234] CASSINA U., *Della geometria egiziana alla matematica moderna*, Roma (Edizioni Cremonese), 1961.

[235] CÉARD J., DIEUDONNÉ J., GADOFFRE G., LICHNEROWICZ A. et VEYNE P., *Questions croisées : analogie et connaissance*, Radio France Culture, 26 février 1981.

[236] CHERN S.-S. and CHEVALLEY C., *Elie Cartan and his mathematical work* (Bull. Amer. Math. Soc., 58(1952), 217-250).

[237] CHOQUET G., *L'enseignement de la géométrie*, Paris (Hermann), 1964.

[238] CHOUCHAN M., *Nicolas Bourbaki*, Profil perdu, Radio France Culture, 1990.

[239] CHOUCHAN M., CARMAGNOLE M., WALUSINSKI G. et LABROUSSE J., *Hommage à Jean Dieudonné* (Gazette Math., n° 387, février-mars 1993, 5-10).

[240] DENJOY A., *Hommes, formes et le nombre*, Paris (Albert Blanchard), 1964.

[241] DICKSON L.E., *Linear groups*, Leipzig (Teubner), 1905 = New York (Dover), 1958.

[242] DICKSON L.E., *History of the theory of numbers*, Washington (Carnegie Institution), 1919-1920, New York (G.E. Steckert), 1934.

[243] DIEUDONNÉ J., *Sur une généralisation du théorème de Rolle aux fonctions d'une variable complexe. Applications aux fonctions entières de genre zéro et un* (Annals Math., (2), 31(1930), 79-116).

[244] DIEUDONNÉ J., *Recherches sur quelques problèmes relatifs aux polynômes et aux fonctions bornées* (Annales Sci École Normale Sup., (3) 48(1931), 247-358) = Paris (Gauthier-Villars), 1931.

[245] DIEUDONNÉ J., *Sur le théorème de Grace et les relations algébriques analogues* (Bull. Soc. Math. France, 60(1932), 173-196).

[246] DIEUDONNÉ J., *Enriques (F.) et G. de Santillana, Storia del pensiero scientifico, vol. I, Il mondo antico* (Bull. Sci. Math., (2), 58(1934), 1re partie, 44-51).

[247] DIEUDONNÉ J., *Sur quelques points de la théorie des zéro des polynômes* (Bull. Sci. Math., (2), 58(1934), 1re partie, 273-296).

[248] DIEUDONNÉ J., *Sur la variation des zéros des dérivées des fractions rationnelles* (Annales Sci. École Normale Sup., (3), 54(1937), 101-150).

[249] DIEUDONNÉ J., *Sur les fonctions continues numériques définies dans un produit de deux espaces compacts* (Comptes Rendus Acad. Sci. Paris, 205(1937), 593-595). = p. 141-143, vol. I, *Choix d'œuvres mathématiques,* Paris (Hermann), 1981.

[250] DIEUDONNÉ J., *La théorie analytique des polynômes d'une variable,* Paris (Gauthier-Villars), 1938.

[251] DIEUDONNÉ J., *L'aspect qualitatif de la théorie analytique des polynômes* (Annals Math. 40(1939), 748-754) = p. 77-83, vol. I, *Choix d'œuvres mathématiques,* Paris (Hermann), 1981.

[252] DIEUDONNÉ J., *Les méthodes axiomatiques modernes et les fondements des mathématiques* (Revue Scientifique, 77(1939), 224-231) = p. 543-555, LE LIONNAIS F. (présenté par), *Les grands courants de la pensée mathématique,* Cahiers du Sud, 1948 ; nouvelle édition, Paris (Albert Blanchard), 1962.

[253] DIEUDONNÉ J., *Sur les espaces uniformes complets* (Annales Sci. École Normale Sup., 56(1939), 277-291) = p. 144-158, vol. I, *Choix d'œuvres mathématiques,* Paris (Hermann), 1981.

[254] DIEUDONNÉ J., *Sur le théorème de Hahn-Banach* (Revue Scientifique, 1941, 642-643) = p. 231-234, vol. I, *Choix d'œuvres mathématiques,* Paris (Hermann), 1981.

[255] DIEUDONNÉ J., *Sur le théorème de Lebesgue-Nikodym* (Annals Math., 42(1941), 547-555).

[256] DIEUDONNÉ J., *La dualité dans les espaces vectoriels topologiques* (Annales Sci. École Normale Sup., (3), 59(1942), 107-139) = p. 235-267, vol. I, *Choix d'œuvres mathématiques,* Paris (Hermann), 1981.

[257] DIEUDONNÉ J., *Sur les homomorphismes d'espaces normés* (Bull. Sci. Math., 67(1943), 72-85) = p. 268-281, vol. I, *Choix d'œuvres mathématiques,* Paris (Hermann), 1981.

[258] DIEUDONNÉ J., *Sur le théorème de Lebesgue-Nikodym (II)* (Bull. Soc. Math. France, 72(1944), 193-239).

[259] DIEUDONNÉ J., *Une généralisation des espaces compacts* (Journal Math. Pures Appliquées, (9), 23(1944), 65-76) = p. 165-176, vol. I, *Choix d'œuvres mathématiques,* Paris (Hermann), 1981.

[260] DIEUDONNÉ J., *Sur les groupes classiques,* Paris (Hermann), 1948 ; 3ᵉ éd. revue et corrigée, 1967.

[261] DIEUDONNÉ J., *Sur le théorème de Lebesgue-Nikodym (III)* (Annales Univ. Grenoble, 23(1948), 25-53).

[262] DIEUDONNÉ J., *Yood, Bertrani, Transformations between Banach spaces in the uniform topology* (Math. Reviews, 10(1949), 611).

[263] DIEUDONNÉ J., *Sur le polygone de Newton* (Archiv Math., 2(1949-1950), 49-55) = p. 125-131, vol. I, *Choix d'œuvres mathématiques,* Paris (Hermann), 1981.

[264] DIEUDONNÉ J., *Deux exemples singuliers d'équations différentielles* (Acta Sci. Math. Szeged, 12(1950), 38-40) = p. 132-134, vol. I, *Choix d'œuvres mathématiques,* Paris (Hermann) 1981.

[265] DIEUDONNÉ J., *Sur la convergence des suites de mesures de Radon* (Anais Acad. Brasileira Ciencias, 23(1951), 21-38) = p. 376-393, vol. I, *Choix d'œuvres mathématiques,* Paris (Hermann) 1981.

[266] DIEUDONNÉ J., *Sur le théorème de Lebesgue-Nikodym (IV)* (Journal Indian Math. Soc., N.S., 15(1951), Part A, 77-86).

[267] DIEUDONNÉ J., *Sur le produit de composition* (Compos. Math., 12(1954), 17-34) = p. 400-417, vol. I, *Choix d'œuvres mathématiques,* Paris (Hermann), 1981.

[268] DIEUDONNÉ J., *Sur les espaces de Montel métrisables* (Comptes Rendus Acad. Sci. Paris, 238(1954), 194-195) = p. 352-353, vol. I, *Choix d'œuvres mathématiques,* Paris (Hermann), 1981.

[269] DIEUDONNÉ J., *Lie groups and Lie hyperalgebras over a field of caracteristic p > 0 (IV)* (Amer. Journal Math., 77(1955), 429-452) = p. 576-599, vol. II, *Choix d'œuvres mathématiques,* Paris (Hermann), 1981.

[270] DIEUDONNÉ J., *Sur la théorie spectrale* (Journal Math. Pures Appliquées, (9), 35(1956), 175-187).

[271] DIEUDONNÉ J., *Groupes de Lie et hyperalgèbres sur un corps de caractéristique p > 0 (V)* (Math. Annalen, 134(1957), 114-133) = p. 600-632, vol. II, *Choix d'œuvres mathématiques,* Paris (Hermann), 1981.

[272] DIEUDONNÉ J., *Editor, the Notices* (Notices Amer. Math. Soc., 18(1971), 593).

[273] DIEUDONNÉ J., *Exposé à la XXXᵉ Semaine de Synthèse : Mathématique, science sans objet ?*, 1972 (enregistrement).

[274] DIEUDONNÉ J., *Message d'un mathématicien : Henri Lebesgue par L. Félix*[1].

[275] DIEUDONNÉ J., *A.F. Monna : Functional analysis in historical perspective* (Archives Inter. Hist. Sci., 27(1977), 315-316).

[276] DIEUDONNÉ J., *Wiener, Norbert : Collected works* (Zentralblatt Math., 339(1977), 14-15).

[277] DIEUDONNÉ J., *Éléments d'analyse, tomes VII et VIII,* Radio France Culture, *Sciences et techniques,* 8 novembre 1978.

[278] DIEUDONNÉ J., *Panorama des mathématiques pures,* Radio France Culture, *Sciences et techniques,* 29 mars 1978.

[279] DIEUDONNÉ J., *Encyclopedical dictionary of mathematics* (Amer. Math. Monthly, 86(1979), 232-233) = (Niew Archief Wiskunde, (3), 26(1978), 367-370).

[280] DIEUDONNÉ J., *Borel, A., On the development of Lie group theory* (Math. Reviews, 81 g : 01013, 1981).

[281] DIEUDONNÉ J., *Peiffer, Jeanne, Joseph Liouville (1809-1882) : ses contributions à la théorie des fonctions d'une variable complexe* (Zentralblatt Math., 531(1984), 6).

[282] DIEUDONNÉ J., *The prehistory of the theory of distributions, by Jesper Lützen* (Amer. Math. Monthly, 91(1984), 374-379).

[283] DIEUDONNÉ J., *B.L. van der Waerden, A history of algebra* (Revue Hist. Sci., 40(1987), 141-143).

[284] DIEUDONNÉ J., *Halmos, Paul R., Has progress in mathematics slowed down ?* (Math. Reviews, 91 j : 01032, 1991).

[285] DIEUDONNÉ J., *Joseph Liouville 1809-1882, master of pure and applied mathematics by Jesper Lützen* (Math. Intelligencer, 14(1992), n° 1, 71-73).

[286] DIEUDONNÉ J. et SCHWARTZ L., *La dualité dans les espaces (F) et (LF)* (Annales Inst. Fourier, 1(1949), 61-101) = p. 296-336, vol. I, *Choix d'œuvres mathématiques,* Paris (Hermann), 1981.

[287] *Dieudonné, Jean,* p. 291-292, New York (Mc Graw-Hill), 1980[2].

[288] DIXMIER J., *Cours de mathématiques du premier cycle, 2ᵉ année,* 2ᵉ éd., Paris (Gauthier-Villars), 1977.

---

1. Je ne sais pas où a été publié le compte rendu de ce livre paru en 1974.
2. J'ignore dans quel ouvrage a été publié cette notice.

[289] DORAN R.S., *History of functional analysis, by Jean Dieudonné* (Bull. Amer. Math. Soc., (new series), 7(1982), 403-409).

[290] *Dossier de Jean Dieudonné,* Archives de l'Académie des Sciences de Paris.

[291] DUFOUR J.-P., *La mort du mathématicien Jean Dieudonné.* « *L'esprit Bourbaki* » (Le Monde, 2 décembre 1992, 18).

[292] DUGAC P., *Charles Méray (1835-1911) et la notion de limite* (Revue Hist. Sci., 23(1970), 333-350).

[293] DUGAC P., *Éléments d'analyse de Karl Weierstrass* (Archive Hist. Exact Sci., 10(1973), 41-176).

[294] DUGAC P., *Notes et documents sur la vie et l'œuvre de René Baire* (Archive Hist. Exact Sci., 15(1976), 297-383).

[295] DUGAC P., *Richard Dedekind et les fondements des mathématiques,* Paris (Vrin), 1976.

[296] DUGAC P., *Sur les fondements de l'analyse de Cauchy à Baire,* Paris (Université Pierre et Marie Curie), 1978.

[297] DUGAC P., *Histoire du théorème des accroissements finis* (Archives Inter. Hist. Sci., 30(1980), 86-101).

[298] DUGAC P., *Des fonctions comme expressions analytiques aux fonctions représentables analytiquement,* p. 13-36, DAUBEN J.W. (edited by), *Mathematical perspectives. Essays on mathematics and its historical development,* New York (Academic Press), 1981.

[299] DUGAC P., *Poisson, ses travaux et les fondements de l'analyse,* p. 408-413, vol. C and D, *Proceedings of the 16th International Congress of the History of Science,* Bucharest (Academy S.R.R.), 1981.

[300] DUGAC P., *Richard Dedekind et l'application comme fondement des mathématiques,* p. 134-144, SCHARLAU W. (herausgegeben von), *Richard Dedekind 1831-1981,* Braunschweig (Vieweg), 1981.

[301] DUGAC P., *Euler, d'Alembert et les fondements de l'analyse,* p. 171-184, *Leonhard Euler 1707-1783. Beiträge zu Leben und Werk,* Basel (Birkhäuser), 1983.

[302] DUGAC P., *Georg Cantor et Henri Poincaré* (Bol. Storia Sci. Mat., 4(1984), 65-96).

[303] DUGAC P., *Histoire des espaces complets* (Revue Hist. Sci., 37(1984), 3-28).

[304] DUGAC P., *Le théorème des valeurs intermédiaires et la préhistoire de la topologie générale* (Rivista Storia Sci., 2(1985), 51-70).

[305] DUGAC P., *Fondements de l'analyse,* p. 237-291, DIEUDONNÉ J. (directeur de la publication), *Abrégé d'histoire des mathématiques,* nouvelle éd., Paris (Hermann), 1986.

[306] DUGAC P., *Sur la correspondance de Borel et le théorème de Dirichlet-Heine-Weierstrass-Borel-Schoenflies-Lebesgue* (Archives Inter. Hist. Sci., 39(1989), 69-110).

[306a] DUGAC P., *La théorie des fonctions analytiques de Lagrange et la notion d'infini,* p. 34-46, KÖNIG G. (Hg.), *Konzepte des mathematisch Unendlichen im 19. Jahrhundert,* Göttingen (Vandenhoeck und Ruprecht), 1990.

[307] EPSTEIN B., *Editor, the Notices* (Notices Amer. Math. Soc., 18(1971), 343-344).

[308] FÉLIX L., *Aperçu historique sur la commission internationale pour l'étude et l'amélioration de l'enseignement des mathématiques,* 1984 (polycopié).

[309] FICHERA G., *Cenni sui problemi di analisi matematica contemporanea. I. Produzione italiana nel campo dell'analisi matematica durante il periodo 1940-1945* (Buletinul Institut. Politechnic Iasi, 4(1949), 63-107).

[310] FICHERA G., *L'analisi matematica in Italia fra le due guerre,* Enciclopedia Italiana, storia del XX secolo (à paraître).

[311] FRAENKEL A.A., BAR-HILLEL Y. and LEVY A., *Foundations of set theory,* second ed., Amsterdam (North-Holland), 1973.

[312] FRÉCHET M., *Sur quelques points du calcul fonctionnel* (Rendiconti Circolo Mat. Palermo, 22(1906), 1-74).

[313] FRÉCHET M., *Sur l'intégrale d'une fonctionnelle étendue à un ensemble abstrait* (Bull. Soc. Math. France, 43(1915), 248-265).

[314] FRÉCHET M., *Les espaces abstraits et leur théorie considérée comme introduction à l'analyse générale,* Paris (Gauthier-Villars), 1928 = Paris (Jacques Gabay), 1989.

[315] FREDHOLM I., *Sur une nouvelle méthode pour la résolution du problème de Dirichlet* (Öfversigt K. Vetenskaps-Akad. Förhand. Stockholm, n° 1, 1900, 39-46) = p. 61-68, *Œuvres complètes,* Malmö (Litos Reprotryck), 1955.

[316] FREUDENTHAL H., *Algèbre linéaire et géométrie élémentaire, by Jean Dieudonné* (Amer. Math. Monthly, 74(1967), 744-748).

[317] FRUDENTHAL H., *Jean Dieudonné (editor), Abrégé d'histoire des mathématiques* (Isis, 72(1981), 660-661).

[318] FREUDENTHAL H., *History of mathematics — a problem and a paradigm* (Nieuw Archief Wiskunde, (4), 8(1990), 217-234).

[319] GASCAR P., *Portraits et souvenirs,* Paris (Gallimard), 1991.

[320] GERMAIN P., *Le monde mathématique et la mathématique du monde* (Vie des Sciences, 10(1993), n° 3, 209-222).

[321] GIZATULLIN M.H., *Dieudonné, Jean : Choix d'œuvres mathématiques* (Zentralblatt Math., 477(1982), 13-14).

[322] GRIFFITHS H.B. and HILTON P.J., *A comprehensive textbook of classical mathematics. A contemporary interpretation,* New York (Springer-Verlag), 1970.

[323] GUY R.K., *Kronecker revised* (Amer. Math. Monthly, 91(1984), 155).

[324] HALMOS P.R., *I have a photographic memory,* Providence, Rhode Island (American Mathematical Society), 1987.

[325] HALMOS P.R., *Has progress in mathematics slowed down ?* (Amer. Math. Monthly, 97(1990), 561-588).

[326] HARTSHORNE R., *Jean Dieudonné, Cours de géomérie algébrique. I.R. Shafarevich, Basic algebraic geometry* (Bull. Amer. Math. Soc., 82(1976), 455-459).

[327] HERMITE C., *Lettres à Gösta Mittag-Leffler,* publiées par DUGAC P. (Cahiers Séminaire Hist. Math., 5(1984), 49-285 ; 6(1985), 79-217 ; 10(1989), 1-82).

[328] HILBERT D., *Grundzüge einer allgemeinen Theorie der linearen Integralgleichungen IV* (Nachrichten K. Gesell. Wissen. Göttingen, Math.-phys. Klasse, 1906, 157-227). (Repris dans le livre, portant le même titre, Leipzig (Teubner), 1912).

[329] HIRSCH G., *J. Dieudonné, Foundations of modern analysis* (Bull. Soc. Math. Belgique, 14(1962), 212-214).

[330] HORVATH J., *The life and works of Leopoldo Nachbin* (polycopié). (Paru dans *Aspects of mathematics and its applications,* BARROSO J.A., editor).

[331] IONESCU TULCEA A. and IONESCU TULCEA C., *Topics in the theory of lifting,* Berlin (Springer-Verlag), 1969.

[332] IYANAGA S. and KAWADA Y. (edited by), *Encyclopedic dictionary of mathematics,* Cambridge, Massachusetts (The MIT Pres), 1977 ; second edition, ITO K. (edited by), 1987.

[333] JOVY E., *La « sphère infinie » de Pascal,* p. 7-50, vol. VII, *Études pascaliennes,* Paris (Vrin), 1930.

[334] JULIA G., *Cours de cinématique,* Paris (Gauthier-Villars), 1928.

[335] KELLEY J.L., *Dieudonné, J., Foundations of modern analysis* (Math. Reviews, 22(1961), 11074).

[336] KLEIMAN S.L., *Dieudonné, Jean, The beginning of Italian algebraic geometry* (Math. Reviews, 88 a : 14002, 1988).

[337] KÖLZOW D., *Differentiation von Massen,* Berlin (Springer-Verlag), 1968.

[338] KÖTHE G., *Dieudonné J., History of functional analysis* (Jahresbericht Deutsch. Math.-Verein., 83(1981), 61-62).

[339] KÖTHE G. and TOEPLITZ O., *Lineare Räume mit unendlichen Koordinaten und Ringe unendlicher Matrizen* (Journal reine angew. Math., 171(1934), 193-226).

[340] KRONECKER L., *Ueber die congruenten Transformationen der bilinearen Formen* (Monatsberichte K. Preuss. Akad. Wissen. Berlin, 1874, 397-447) = p. 421-483, vol. I, *Werke,* Leipzig (Teubner), 1895.

[341] KRONECKER L., *Algebraische Reduction der Schaaren bilinearer Formen* (Sitzungsberichte K. Preuss. Akad. Wissen. Berlin, 1890, 1225-1237) = p. 139-155, vol. III², Leipzig (Teubner), 1931.

[342] LANDWEBER P., *Dieudonné, Jean, A history of algebraic and diferential topologie 1900-1960* (Zentralblatt Math., 673(1990), 239-240).

[343] LANG S., *Éléments de géométrie algébrique, par A. Grothendieck, rédigés avec la collaboration de J. Dieudonné* (Bull. Amer. Math. Soc., 67(1961), 239-246).

[343a] LARGEAULT J., *La philosophie mathématique de Russell, Denis Vernant* (Pour la Science, octobre 1993, n° 192, 114).

[344] LEBESGUE H., *Intégrale, longueur, aire* (Annali Mat. pura applic., (3), 7(1902), 231-359) = p. 201-331, vol. I, *Œuvres scientifiques,* Genève (L'Enseignement Mathématique), 1972.

[345] LEBESGUE H., *Lettres à Émile Borel,* publiées par BRU B. et DUGAC P. (Cahiers Séminaire Hist. Math., 12(1991)).

[346] *Lettres à Paul Lévy,* publiées par DUGAC P. (Cahiers Séminaire Hist. Math., 1(1980), 51-67).

[347] LÉVY P., *Remarques sur un théorème de Paul Cohen* (Revue de Métaphysique et de Morale, 1964, 88-94).

[348] LÉVY P., *L'axiomatique et le problème du continu* (Revue de Métaphysique et de Morale, 1967, 287-294).

[349] LÉVY P., *Observations sur la lettre de M. Dieudonné* (Revue de Métaphysique et de Morale, 1968, 250-251).

[350] MAC LANE S., *Quoiqu'en pense Dieudonné, les mathématiques pures sont encore réelles* (Gazette Math., n° 5, octobre 1975, 48-51).

[351] MAC LANE S., *Mathematics : form and function,* Berlin (Springer-Verlag), 1986.

[352] MAC LANE S., *Dieudonné, J., Les débuts de la topologie algébrique* (Math. Reviews, 88 c : 01027, 1988).

[353] MAC LANE S., *Dieudonné, Jean, A history of algebraic and differential topology, 1900-1960* (Math. Reviews, 90 g : 01029, 1990).

[354] MANDELBROJT S., *Souvenirs à bâtons rompus, recueillis en 1970 et préparés par Benoît Mandelbrot* (Cahiers Séminaire Hist. Math., 6(1985), 1-46).

[355] MANIN Yu. I., *The theory of commutative formal groups over fields of finite characteristic* (Russian Math. Surveys, 18(1963), n° 5, 1-83).

[356] MARSDEN J.E., *Treatise on analysis, by Jean Dieudonné* (Bull. Amer. Math. Soc., new series, 3(1980), 719-724).

[357] MEDVEDEV F.A., *Jean Dieudonné : mathématiques et réalité* (en russe) (Voprosi Ist. Est. Teh., 1992, n° 1, 60-69).

[358] MENCHOV D.E., *Impressions sur mon voyage à Paris* (Cahiers Séminaire Hist. Math., 6(1985), 55-59).

[359] MEYER W.F. et DRACH J., *Theorie des formes et des invariants,* tome I (deuxième volume), *Algèbre,* I.11, *Encyclopédie des Sciences mathématiques,* Paris (Jacques Gabay), 1992.

[360] MONNA A.F., *Dieudonné, J., History of functional analysis* (Medelingen Wiskundig Genootschap, 25(1982)).

[361] NAKAYAMA T. and AZUMAYA G., *On irreducible rings* (Annals Math., 48(1947), 949-965).

[362] ODA T., *The first de Rham cohomology group ans Dieudonné modules* (Annales Sci. École Normale Sup., (4), 2(1969), 63-125).

[363] OVIDE, *Les métamorphoses,* traduction de LAFAYE G., Paris (Gallimard), 1992.

[364] PASCAL, *Œuvres complètes,* présentation et notes de LAFUMA L., Paris (Seuil), 1963.

[365] PEDRAZZI M., *Algebra lineare e geometria elementare : da Dieudonné a Peano* (Cultura e Scuola, 18(1979), 268-275).

[366] PICARD E., *Quelques applications analytiques de la théorie des surfaces algrébriques,* Paris (Gauthier-Villars), 1931.

[367] PIER J.-P., *Un géant des mathématiques. In memoriam Jean Dieudonné (1906-1992)* (La Voix du Luxembourg, 10 décembre 1992, 27) = (Travaux Math. Luxembourg, 5(1993), 1-5).

[368] POINCARÉ H., *Sur les équations aux dérivées partielles de la physique mathématique* (Amer. Journal Math., 12(1890), 211-294) = p. 28-113, vol. IX, *Œuvres,* Paris (Gauthier-Villars), 1954 = Paris (Jacques Gabay), 1996.

[369] POINCARÉ H., *Second complément à l'analysis situs* (Proceedings London Math. Soc., 32(1900), 277-308) = p. 338-370, vol. VI, *Œuvres,* Paris (Gauthier-Villars), 1953 = Paris (Jacques Gabay), 1995.

[370] POINCARÉ H., *La correspondance avec des mathématiciens,* publiée par DUGAC P. (Cahiers Séminaire Hist. Math., 7(1986), 59-219 ; 10(1989), 83-229).

[371] RAÏS M., *Présentation des journées d'étude de Poitiers,* p. 1-12, *Histoire et enseignement des mathématiques, Journées d'études de Poitiers, 17 et 18 juin 1977,* Poitiers (I.R.E.M.), 1977.

[372] *Remise à Jean Dieudonné de son épée d'académicien,* Nice (Imprimerie Meyerbeer), 1969.

[373] RIBET K.A., *Wiles proves Taniyama's ; Fermat's last theorem follows* (Noticies Amer. Math. Soc., 40(1993), 575-576).

[374] RUSSELL B., *The principles of mathematics,* vol. I, Cambridge (University Press), 1903.

[375] SAAB E. et SAAB P., *Applications linéaires continues sur le produit tensoriel injectif d'espaces de Banach* (Comptes Rendus Acad. Sci. Paris, série I, 311(1990), 789-792).

[376] DE SAIRIGNÉ G., *Tous les dragons de notre vie,* Paris (Fayard), 1993.

[377] SAMUEL P., *Shafarevich* (Notices Amer. Math. Soc., 40(1993), 573).

[378] SCHILLING O.F.G., *Dieudonné J., The historical development of algebraic geometry* (Math. Reviews, 46, # 7232).

[379] SCHMIDT M. (entretiens et photographies de), *Hommes de science,* Paris (Hermann), 1990.

[380] STONE A.H., *Paracompactness and product spaces* (Bull. Amer. Math. Soc., 54(1948), 977-982).

[381] THIERRY P., *M. Jean Dieudonné : il faut remplacer le système des axiomes d'Euclide par celui de l'algèbre linéaire* (Nice-Matin, 9 février 1966, 2).

[382] THOM R., *Les mathématiques « modernes » : une erreur pédégogique et philosophique ?* (Age Sci., 3(1970), 225-242) = (en anglais) (Amer. Scientist, november-december 1971, 695-699).

[383] THOM R., *Apologie du logos,* Paris (Hachette), 1990.

[384] VALABREGA GIBELLATO E. e VALAGREGA P., *Dai « Grundlagen der Geometrie » di David Hilbert all'« Algèbre linéaire et géométrie élémentaire » di J. Dieudonné ; i reali di J. Dieudonné* (Atti Accad. Sci. Torino, cl. sci. fis. mat. natur., 106(1971-1972), 119-127).

[385] VAN DER WAERDEN B.L., *A history of algebra,* Berlin (Springer-Verlag), 1985.

[386] VERLEY J.-L., *Jean Dieudonné 1906-1992* (Universalia, 1993, 534-536), Paris (Encyclopaedia Universalis).

[387] VIETORIS L., *Stetige Menge* (Monatshefte Math. Physik, 31(1921), 173-204).

[388] WARUSFEL A., *Moderniser la géométrie ?* (Atomes, juillet-août 1966).

[389] WEIL A., *Sur les espaces à structure uniforme et sur la topologie générale,* Paris (Hermann), 1937 = p. 147-183, vol. I, *Œuvres scientifiques,* New York (Springer-Verlag), 1980.

[390] WEIL A., *Œuvres scientifiques,* vol. I, New York (Springer-Verlag), 1980.

[391] WEYL H., *Dieudonné, Jean, Sur les groupes classiques* (Math. Reviews, 9(1948), 494-495).

[392] YOUSCHKEVITCH A.P. et DEMIDOV S.S., *J. Dieudonné, mathématicien, historien des mathématiques et simplement homme* (en russe) (Voprosi Ist. Est. Teh., n° 3, 1993, 107-113).

[393] ZARISKI O., *To the members of the Council and the Board of trustees of the American Mathematical Society* (Notices Amer. Math. Soc., 17(1970), 869-870).

[394] SHAFROTH C., *Mathematician, musician, and cook* (Focus, 13(1993), n° 6, 8-10).

[395] SCHWARTZ L., *Souvenirs sur Jean Dieudonné* (Pour la Science, juin 1994, n° 200, 8-10).

*Mai 1913.*

*Avec sa mère et sa sœur Anne Marie en 1920.*

*Parmi les élèves de l'École Normale Supérieure de 1923-1924,
on reconnaît de haut en bas J. Dieudonné, H. Cartan, J.-P. Sartre et R. Aron*

*Service militaire à Metz en 1927-1928.*

*Congrès Bourbaki à Besse-en-Chandesse en juillet 1935.*
*Debouts (de gauche à droite) : H. Cartan, R. de Possel, J. Dieudonné et A. Weil.*
*Assis : Mirlès (cobaye de Bourbaki), C. Chevalley et S. Mandelbrojt*

*Avec son épouse et son fils Jean-Pierre en 1939.*

*Avec sa fille Françoise en 1940.*

*Congrès Bourbaki à Murol en 1954 (de gauche à droite) :*
*R. Godement, J. Dieudonné, A. Weil, S. Mac Lane et J.-P. Serre*

*Membre de l'Académie des Sciences*
*(sur le mur on voit le portrait du général Charles Bourbaki).*

*Doyen de la Faculté des Sciences de Nice.*

*Au colloque Baudelaire à Nice avec G. Pompidou.*

*Panorama des mathématiques pures.*

# INDEX

Photocomposé en Times et achevé d'imprimer en Janvier 1995
par l'Imprimerie de la Manutention à Mayenne
N° 399-94

**Élie CARTAN**
- *Leçons sur la géométrie des espaces de Riemann*
- ☐ *Leçons sur la géométrie projective complexe*
suivies par
— *La théorie des groupes finis et continus et la géométrie différentielle traitées par la méthode du repère mobile*
— *Leçons sur la théorie des espaces à connexion projective*

**Augustin-Louis CAUCHY**
- *Analyse algébrique*

**Michel CHASLES**
- *Aperçu historique sur l'origine et le développement des méthodes en géométrie*
- *La dualité et l'homographie*
- *Rapport sur les progrès de la géométrie*
- ☐ *Les porismes d'Euclide*

**Jean CHAZY**
- ☐ *La Théorie de la Relativité et la Mécanique céleste*

**Émile CLAPEYRON**
- ☐ *Mémoire sur la puissance motrice de la chaleur*

**Rudolph CLAUSIUS**
- ☐ *Théorie mécanique de la chaleur*

**H. COMMISSAIRE & G. GAGNAC**
- *Cours de Mathématiques spéciales (3 tomes)*

**Antoine-Nicolas de CONDORCET**
- *Essai sur l'application de l'analyse à la probabilité des décisions rendues à la pluralité des voix*

**Gaspard-Gustave CORIOLIS**
- *Théorie mathématique des effets du jeu de billard*
suivie des deux célèbres Mémoires
— *Sur le principe des forces vives dans les mouvements relatifs des machines*
— *Sur les équations du mouvement relatif des systèmes de corps*

**H.S.M. COXETER & S.L. GREITZER**
- ☐ *Redécouvrons la géométrie*

**Gaston DARBOUX**
- ☐ *Leçons sur la théorie générale des surfaces et les applications géométriques du calcul infinitésimal*
suivies par
— *Leçons sur les systèmes orthogonaux et les coordonnées curvilignes*
— *Principes de géométrie analytique*
*(3 ouvrages en 3 volumes)*

**R. DELTHEIL & D. CAIRE**
- *Géométrie*
suivie des
— *Compléments de géométrie*

**G. DEMARTRES**
- ☐ *Cours de géométrie infinitésimale*

**René DESCARTES**
- *La Géométrie*

**Paul A.M. DIRAC**
- *Les principes de la Mécanique quantique*

**Jacques DIXMIER**
- *Les algèbres d'opérateurs dans l'espace Hilbertien (Algèbres de von Neumann)*
- *Les C\*-algèbres et leurs représentations*
- *Algèbres enveloppantes*

**Pierre DUHEM**
- ☐ *Traité d'Énergétique ou de Thermodynamique générale*

**Jean-Baptiste DUMAS**
- ☐ *Leçons sur la philosophie chimique*

**Ernest DUPORCQ**
- ☐ *Premiers principes de géométrie moderne*

**Paul DUPUY**
- *La vie d'Évariste Galois*

**Albert EINSTEIN**
- ☐ *Sur l'Électrodynamique des corps en mouvement*
suivi par
— *L'Éther et la Théorie de la Relativité*
— *La Géométrie et l'Expérience*
— *Quatre conférences sur la Théorie de la Relativité*
— *Théorie de la Gravitation généralisée*
— *Sur le Problème cosmologique*
— *Théorie relativiste du champ non symétrique*
- *Lettres à Maurice Solovine*

**ENCYCLOPÉDIE DES SCIENCES MATHÉMATIQUES PURES ET APPLIQUÉES**
Tout ce qui a paru de l'édition française rédigée et publiée d'après l'édition allemande sous la direction de Jules MOLK.
- ☐ *Arithmétique et Algèbre*
- ☐ *Analyse*
- ☐ *Géométrie*
- ☐ *Mécanique*
- ☐ *Physique*
- ☐ *Géodésie et Géophysique*
- ☐ *Astronomie*
- ☐ *Table des matières*

**Federigo ENRIQUES**
- ☐ *Leçons de géométrie projective*

**Federigo ENRIQUES & Oscar CHISINI**
- ☐ *Courbes et fonctions algébriques d'une variable*

**F. G.-M. (Frère GABRIEL-MARIE)**
- ☐ *Exercices de géométrie*
comprenant l'exposé des méthodes géométriques et 2.000 questions résolues
- ☐ *Exercices de géométrie descriptive*

**Pierre FERMAT**
- *Précis des Œuvres mathématiques et de l'Arithmétique de Diophante*, par Émile BRASSINNE

**J. FITZ-PATRICK**
- ☐ *Exercices d'arithmétique*

**Joseph FOURIER**
- *Théorie analytique de la chaleur*

**Maurice FRÉCHET**
- *Les espaces abstraits*

**Maurice FRÉCHET & Ky FAN**
- ☐ *Introduction à la Topologie combinatoire*

**Augustin FRESNEL**
• *Mémoire sur la diffraction de la lumière*

**Évariste GALOIS**
• *Œuvres mathématiques*
suivies par
— *Influence de Galois sur le développement des mathématiques*, par Sophus LIE

**George GAMOW**
• *Trente années qui ébranlèrent la physique*
*(Histoire de la théorie quantique)*

**Félix R. GANTMACHER**
• *Théorie des matrices*

**Carl Friedrich GAUSS**
• *Recherches arithmétiques*

**Denis GERLL & Georges GIRARD**
• □ *Les Olympiades internationales de mathématiques*

**Francisco GOMES TEIXEIRA**
• *Traité des courbes spéciales remarquables planes et gauches (3 tomes)*

**Édouard GOURSAT**
• □ *Cours d'Analyse mathématique (3 tomes)*

**Alfred George GREENHILL**
• □ *Les fonctions elliptiques et leurs applications*

**Édouard GRIMAUX**
• □ *Lavoisier, 1743-1794*
d'après sa correspondance, ses manuscrits, ses papiers de famille et d'autres documents inédits

**Jacques HADAMARD**
• *Leçons de géométrie élémentaire (2 tomes)*
• □ *Essai sur la psychologie de l'invention dans le domaine mathématique*
suivi par
— *L'Invention mathématique*, par Henri POINCARÉ

**Paul R. HALMOS**
• *Introduction à la théorie des ensembles*

**Georges-Henri HALPHEN**
• □ *Traité des fonctions elliptiques et de leurs applications*
• □ *Œuvres (4 tomes)*

**G. H. HARDY**
• *Divergent Series*   (en anglais)

**Werner HEISENBERG**
• *Les principes physiques de la théorie des quanta*

**Hermann von HELMHOLTZ**
• *Optique physiologique (2 tomes)*
• *Théorie physiologique de la musique*

**Charles HERMITE**
• □ *Œuvres (4 tomes)*

**Charles HERMITE & Thomas Jan STIELTJES**
• □ *Correspondance d'Hermite et de Stieltjes*

**David HILBERT**
• *Sur les problèmes futurs des mathématiques*
*(Les 23 Problèmes)*
• *Théorie des corps de nombres algébriques*

**Camille JORDAN**
• *Traité des substitutions et des équations algébriques*
• □ *Cours d'Analyse de l'École Polytechnique (3 tomes)*

**E. JOUFFRET**
• □ *Traité élémentaire de géométrie à quatre dimensions*
suivi des
— *Mélanges de géométrie à quatre dimensions*

**Émile JOUGUET**
• *Lectures de Mécanique*

**Erich KAMKE**
• *Théorie des ensembles*

**Stephen C. KLEENE**
• *Logique mathématique*

**Félix KLEIN**
• *Le programme d'Erlangen*

**Casimir KURATOWSKI**
• □ *Topologie I et II*

**Jean LADRIÈRE**
• □ *Les limitations internes des formalismes*
Étude sur la signification du théorème de Gödel et des théorèmes apparentés dans la théorie des fondements des mathématiques

**Joseph-Louis LAGRANGE**
• *Mécanique analytique*

**Trajan LALESCO**
• *La géométrie du triangle*

**Pierre-Simon LAPLACE**
• *Théorie analytique des probabilités (2 tomes)*
Le premier tome contient le célèbre *Essai philosophique sur les probabilités*

**Pierre LAROUSSE**
• □ *Jardin des racines grecques*   (Livre du Maître)
suivi du
— *Jardin des racines latines*   (Livre du Maître)

**Max von LAUE**
• □ *La Théorie de la Relativité*

**Charles-Jean de LA VALLÉE POUSSIN**
• □ *Intégrales de Lebesgue. Fonctions d'ensemble.*
*Classes de Baire*
• □ *Cours d'Analyse infinitésimale*

**Antoine-Laurent LAVOISIER**
• □ *Traité élémentaire de chimie*

**Henri LEBESGUE**
• *Leçons sur l'intégration et la recherche des fonctions primitives*
• *Les coniques*
• *Leçons sur les constructions géométriques*

**C. LEBOSSÉ & C. HÉMERY**
• *Géométrie (classe de Mathématiques)*

**Julien LEMAIRE**
• □ *Étude élémentaire de l'hyperbole équilatère et de quelques courbes dérivées*
suivie par
— *Hypocycloïdes et épicycloïdes*